# 住宅思考圖鑑

THE PHILOSOPHY OF HOME & LIFE

瑞昇文化

# 前言

## 致正在考慮打造住宅的人們

### 住宅需要用愛慢慢養成

一般而言，會選擇獨棟訂製住宅的人，平均年齡大約在40歲前後。促使這些人打造住宅的契機，大多是孩子長大成人等家庭型態改變為主要原因。若考量日本人的平均壽命，打造住宅時會要求必須有40～50年的持久壽命。除了耐久性以外，還必須考量是否要為了對應往後家庭型態改變，將住宅設計成能夠輕鬆改變房間用途與隔間的形式。

另外，為了讓住宅壽命長久，使用什麼建材也是很重要的課題。如果使用值得保養的建材，隨時間流逝還能讓居住者感受到歲月洗禮後的美感。如此一來，居住者也會產生想要「養成」好宅的心情。

日本傳統的居住文化當中，蘊含各式各樣讓房屋能夠長久居住的智慧與巧思。能夠帶給人們舒適感的住宅，總是有其亙古不變的道理。我希望能夠藉由本書傳達給讀者，讓現代住宅也能靈活運用這些老祖宗留下的智慧。

## 做好練習一千次的心理準備了嗎？

棒球界所說的「千次守備練習」，指的是接下打者的球之後迅速回到本壘。這一連串的動作完成才算一次，而「千次守備練習」必須重複一千次，是光聽就令人昏厥的訓練。

打造住宅也和這種訓練有相似之處。到建築完成之前，設計師會提出700～800個左右的問題，屋主必須認真思考每個問題並且做出抉擇。打造住宅宛如一場思考的馬拉松。

就算是夫妻，彼此的經歷與人生觀也未必相同。打造住宅反而可能成為揭露兩人之間思考差異的契機。正因為如此，抓住這個機會重新討論往後的生涯規劃顯得更加重要。另外，在此之前必須先從了解自己開始著手。如此一來，才能夠培養能力，區分應該捨棄哪些東西、什麼是想要珍惜且長久擁有的。

## 打造住宅需要考量生活方式

在資訊爆炸的社會裡，人們往往容易被資訊擺弄。知識越多反而越可能遠離自己原本想追求的目標。打造住宅的過程中感到迷惘或困惑時，懂得暫停一下並仔細整理、思考非常重要。當您迷惘的時候，若本書能夠成為您的助力或指南，將會是我最大的榮幸。

佐川　旭

# 住宅思考圖鑑

目次

## 生存、生活、擁有一個家

擁有一棟絕不令人後悔的住宅

從「家的定義」出發……10
打造一個家必須從了解自己開始……14
區分可和家人共享與不可共享的部分……18
打造可對應家庭型態變化的家……20
找回「社區共同體的連帶感」……24
打造「有感覺」的住宅……26
帶著感謝的心情打造優質住宅……28
思考隔間的第一步……32

# 打造舒適住宅需要靠老祖宗的智慧

## 舒適的居家環境必定有其成因


向日本的老宅學習生活的智慧……36

了解建地的氣候風土……40

向徒然草學習造屋知識……44

了解木之國日本與各種木材……48

何謂好材料、好建材？……54

腳底的觸感傳達住宅的舒適度……56

「大自然」教你挑選最舒適的顏色……60

「留白」能打造寬敞的空間感……64

在設計中加入非日常的元素……68

千元日幣紙鈔就是住宅的基本計算法……72

# 思考適合家人生活型態的配置

## 打造令人長久喜愛的住宅

打造一個讓人想回家的玄關……80
客廳必須具有連結其他空間的向心性……84
廚房是住宅空間裡的全向十字路口……88
用水空間更要講究舒適度……92
必須以夫妻為主體來設計房間……96
設計收納必須從了解生活型態開始……100
階梯是隔間的關鍵……104
打造多功能的「牆面」……108
不直接採光而是引入光的「特質」……112
打造舒適的照明環境……116

# 打造有「○○○」的住宅

謹慎思考優缺點


如果想打造「開闊的住宅」……122
如果想在「條件不好的建地」上造屋……126
如果想打造「能輕鬆做家事的住宅」……130
如果想打造「有中庭的住宅」……134
如果想打造「有挑高空間的住宅」……138
如果想打造「環保住宅」……142
如果想打造「白色住宅」……146
如果想打造「有柴燒暖爐的住宅」……150
如果想打造「三層樓的木造住宅」……154

插圖＝加納德博
設計＝川名 潤（prigraphics）
共同編輯＝松川繪里
編輯＝別府美絹（xknowledge）

# 生存、生活、
# 擁有一個家

擁有一棟絕不令人後悔的住宅

# 從「家的定義」出發

若想順利航行在人生這片大海中，最好選擇一艘合身的船。

因為從事建築設計的工作，我有時也會參與拆除住宅的過程。一般而言，如果是兩層樓的木造建築，一週左右就會拆得一乾二淨。這時候，我就會突然想到「所謂的家，到底是什麼呢……」

熱愛大自然的作家海明威曾經在著作中寫道：「住宅是家園，同時也宛如一艘船。」他把人生比喻為航海，家就是航行在時間大海裡的一艘船。海明威這句話，就像是在問：你會選擇哪一條航道前行呢？

航海的旅程中，會遇到暴風雨也會遇到大晴天。「家」這艘船，無論在任何時代都必須抵擋大自然與文明帶來的暴風雨以及驚濤波瀾。因此，這艘船必須能承受大自然嚴峻的考驗。船身過小令人不安，但若像軍艦一樣巨大也不好操控。就結論而言，可以容納一家人，恰到好處的大小才是最佳選擇。

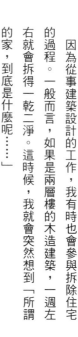

# 家也可以用以下的方式譬喻

談到「期待已久的自宅」腦中會浮現什麼樣的印象呢？

## 兩個人的愛巢

家是相愛的兩個人培養感情的地方，因此把家比喻為鳥兒築成的巢。

## 一國一城之主

現代社會中，通常會藉此比喻擁有獨棟住宅的人。

## 雖然狹窄但充滿歡笑的家

摘自1920年代的流行歌曲「我的藍天」歌詞

讚頌家人團聚，在黃昏時刻一起回家的時光。

# 家所扮演的角色為何？

守護家人、給予家人安全感。雖然大家理所當然地生活於其中，
但打造住宅時不妨把回顧最初的意義當作起點。

**打造一個社區**

成為社區的一部分，並創造景觀。

**抵禦天然災害**

守護家人的生命、生活、財產。

**家庭的成長**

養育居住者並幫助家庭成長。

**支援日常生活**

打造舒適的環境，支援日常生活。

# （家不是選出來的，而是打造出來的）

住宅沒有標準規格。所以請實踐自己的想法吧！如果像買車那樣，
買進制式規格的房子就太無趣了。在住宅中增添自我風格、
自己想要且喜愛的元素，打造一個全世界獨一無二的家吧！

**重視外觀**

想要有大片山形
屋頂的外觀……

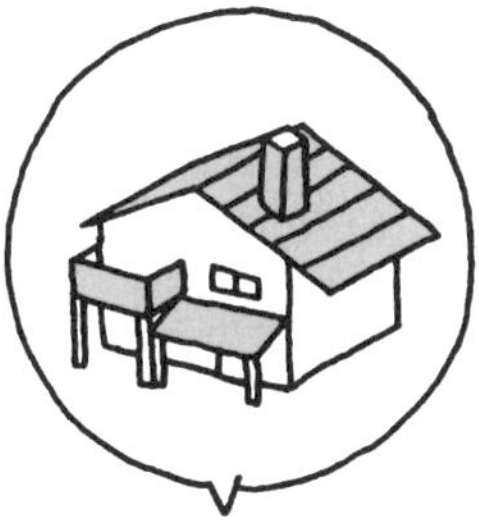

**打造能欣賞**
**美麗事物的空間**

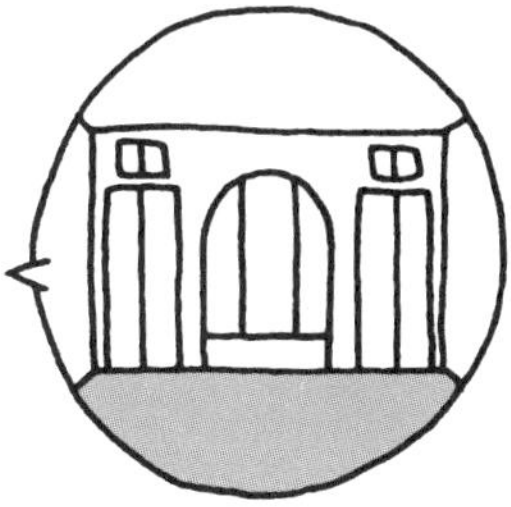

想要一個有窗櫺的壁龕，
最好外面還有竹林……

**用創意巧思展現獨特性格**

想要打造室內種植樹木的
獨特空間……

**重視歲月洗禮後**
**產生的美感**

想要越用越有光澤的
好建材……

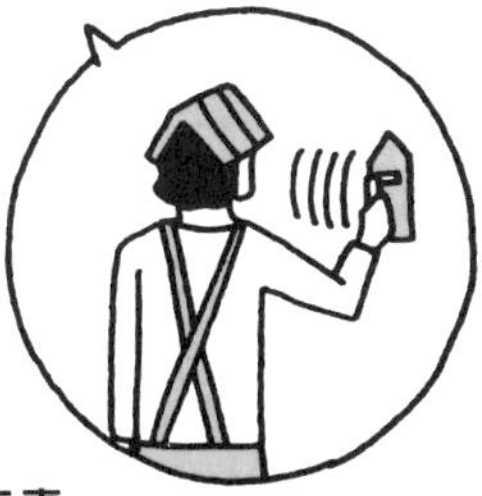

**添加**
**手作元素**

比起制式的產品，更想擁有
手工製作的溫暖……

**在尺寸合宜的家中，**
**實踐自己的想法吧！**

# 打造一個家必須從了解自己開始

## 自己投的球必須自己接。

「你想要什麼樣的家？」對於這個問題，能夠回答出具體形象的人並不多。然而，造屋時若沒有具體的想法，就會打造出隨處可見、毫無魅力的住宅，想必無法滿足自己對家的要求。

打造住宅其實就是接受對自己人生的提問。我們到底有多了解自己呢？如果要你現在寫出二十個描述自己的詞彙，應該很難寫得完吧？因此，問自己問題正是引出解答的第一步。

像這樣找出自己心中的期望，並且反映在造屋上，就能實現充實每天的日常生活、豐富家人心靈而且終生喜愛的住宅。

不盲從時下流行，而是用心選擇無論何時都令人記憶猶新的設計，必定能讓下一代也繼續傳承這種有魅力的住宅。

# 試著問自己問題吧！

## 我是什麼樣的人？

譬如……

1. 自己的優點是〇〇。
2. 自己的缺點是〇〇。
3. 最喜歡的一句話是〇〇。
4. 最喜歡的顏色是〇〇。
5. 最喜歡的國家是〇〇。

寫下現在想到的十個問題吧！

1.
2.
3.
4.
5.
6.
7.
8.
9.
10.

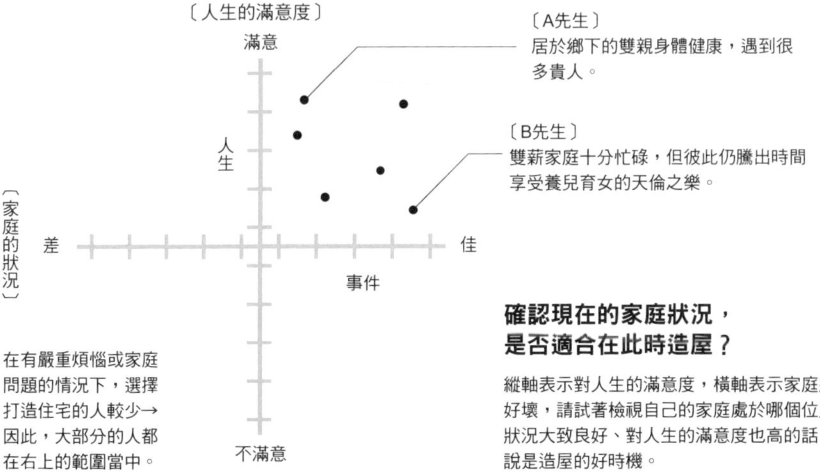
〔人生的滿意度〕
滿意
人生
不滿意
〔家庭的狀況〕
差
佳
事件
〔A先生〕
居於鄉下的雙親身體健康，遇到很多貴人。
〔B先生〕
雙薪家庭十分忙碌，但彼此仍騰出時間享受養兒育女的天倫之樂。

在有嚴重煩惱或家庭問題的情況下，選擇打造住宅的人較少→因此，大部分的人都在右上的範圍當中。

### 確認現在的家庭狀況，是否適合在此時造屋？

縱軸表示對人生的滿意度，橫軸表示家庭狀況的好壞，請試著檢視自己的家庭處於哪個位置。若狀況大致良好、對人生的滿意度也高的話，可以說是造屋的好時機。

# （過去的回憶或許能成為造屋的靈感……）

不知道自己到底想要住在哪種住宅的人，不妨回憶一下曾經體驗過或者記憶猶新的事情。像是「以前好喜歡那個地方啊！」的回憶，或許就是發掘自己喜好的關鍵。

●小時候和家人在一起有什麼覺得開心的事情呢？

---

●小時候最喜歡家裡的哪個空間呢？

---

●長大成人之後，覺得最舒適的空間是什麼樣的地方呢？

---

●覺得不舒適的空間是什麼樣的地方呢？

---

●最有安全感的空間是什麼樣的地方呢？

---

想再和家人一起烤肉……
➡如果有個陽台就好了。

不知道為什麼，躲在壁櫥裡就很有安全感……
➡如果有能夠獨處的小空間就好了。

# （想像一下往後的生活，或許就能知道自己真正想要的住宅形式……）

試著從「行為」與「時間」等各種角度想像自己期望的生活型態，
或許就能浮現自己想要的空間樣貌。

● 在住宅空間中最想講究的部分為何？

● 放鬆的休息時間你最想做什麼？

● 你認為住宅空間中最重要的地方是哪裡？

● 從外面回家最想做的第一件事情是什麼？

● 入新居最想安置的家具是什麼？

想要有開放式廚房，和家人一起做菜聊天……

晴朗的日子裡，如果能在陽台上野餐就好了……

能夠打造高滿意度住宅的人，
通常都非常了解自己。

# 區分可和家人共享與不可共享的部分

在一起很安心，
但分開也能充實自我。

常常會有人要求「希望能夠隨時感覺家人的存在」，但是總是黏在一起也會有感覺無聊的時候。就算是感情好的家庭，也必須保持有點黏又不會太黏的距離。

住宅中的生活行為，可以分為可共用與不可共用兩種。像是用餐、與家人聚在一起聊天就屬於可共用行為，睡眠與個人嗜好等活動則屬於不可共用的行為。能沉澱心靈而安心生活的要素，不只有舒適的環境，還要確保有專屬自己的空間才行。

住宅裡大部分的空間都是家庭共享，但無法共享的私人生活空間也非常重要。譬如在自己的空間裡自由擺放家具、用充滿回憶的物品加以裝飾，藉此打造自己喜愛的生活空間。像這樣的空間不只能加強與心理層面的連結，也能藉由包容自己的存在產生安全感。無法與家人共享的事物也很重要，若能確保個人的充實感同時也兼顧與家人相處的時光，想必能打造出更令人愉悅的居住空間。

# 並不是隨時都想黏在一起

一個人獨處的空間與家人共享的空間一樣重要。這些空間如何串聯在一起呢？
我認為串聯的方式會根據家庭現狀而產生大幅度的改變。

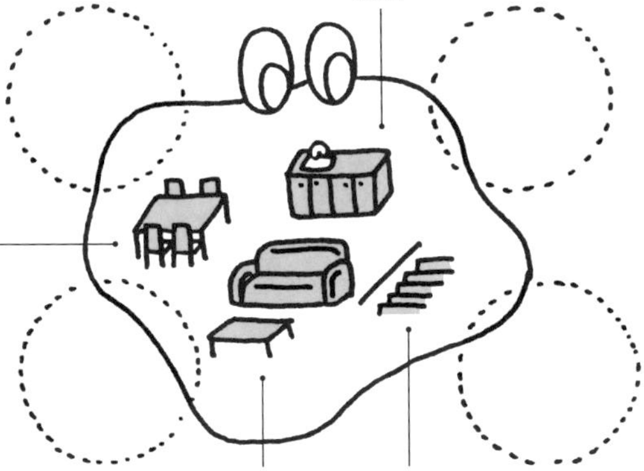


**可共享的空間**

像是客廳、餐廳以及樓梯、玄關、用水區等都屬於可共享空間。這些空間配置會成為隔間的骨架。

**無法共享的空間**

哪些是無法共享的空間呢？反映個人特性的區域，通常都會希望是獨立空間。以書房為例，若想要獨處，可選擇遠離家人聚集的位置並且以牆面隔開；反之，若想與家人保持互動，則可與共享空間連結不必完全隔離。

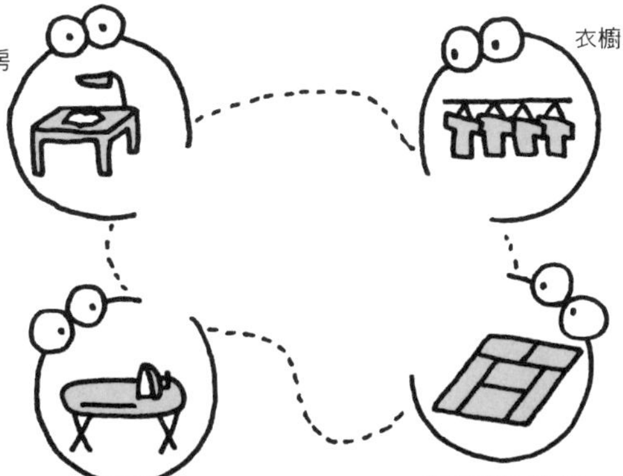


試著分析可和家人共享與
不可共享的空間吧！

# 打造可對應家庭型態變化的家

孩子總有一天
會離開兒童房。

每個人都希望能珍惜並長長久久地生活在自己的家，所以造屋時總是卯足全力。然而，隨著歲月流逝，可能會發生故障、受損的情形，或者因為與生活型態脫節導致住宅變得不適用。除此之外，發達的資訊技術等象徵網際網路普及的社會環境變化，也會使得住宅不得不隨之改變。

大多數面臨必須改變住宅的情況，可能是因為生活型態出現變化。譬如孩子年幼時太太會在家裡，等孩子長大之後或許就會轉變成雙薪家庭。如此一來，除了必須確保廚房收納與家事室空間外，也必須考量窗戶防盜性等事項。另外，本來只打算生一個孩子的夫妻，也可能懷上第二個孩子。而且，未來還可能需要與年邁的雙親同住。

誰都無法預測自己的人生。配合住宅過生活非常困難，因此能配合生活型態、又保有一定程度可自由調整的柔軟性，可以說是房屋能長久居住的一大秘訣。

# 每五年就會轉變的家庭型態

孩子的成長與夫妻的高齡化，總是毫不停滯地進行。伴隨著這些變化，周遭的物品也會有所增減。除此之外，不只具體物品，像是「溝通」與「時間」等沒有具體形象的事物也必須一併考量。將這些事物寫出來，就會漸漸區分出哪些是一開始就必須做好的、哪些是可以慢慢考慮的。

**有所增減的事物**

（增加的例子）
- 充滿回憶的東西
- 衣服
- 因為嗜好而採購的道具
- 家人

（減少的例子）
- 與孩子相處的時間
- 自己的時間
- 孩子的東西
- 夫妻之間的對話

1年～5年後—6年～10年後

會剩下夫妻兩人，還是……？

？

# 可因應變化的隔間方法

造屋時採用可拆除的牆面，之後就能依照狀況輕易改變隔間。然而，建築物耐震結構之一的牆面，無法輕易拆除。若能事先了解哪些是與建築物強度無關的牆面，在因應生活型態進行房屋改裝時會非常有幫助。

## 客廳與和室之間

若能拆除客廳與和室之間的部分牆面，就能打造出便於使用的隔間環境。

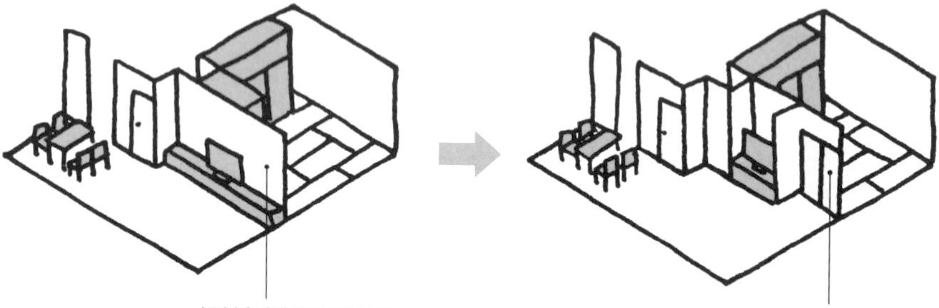

切割客廳與和室的牆面

裝上拉門方便進入和室

## 盥洗更衣室與廁所

如果盥洗更衣室與廁所中間的牆面能拆除，未來若家中需要照護老年人時，空間會更寬廣且便於使用。

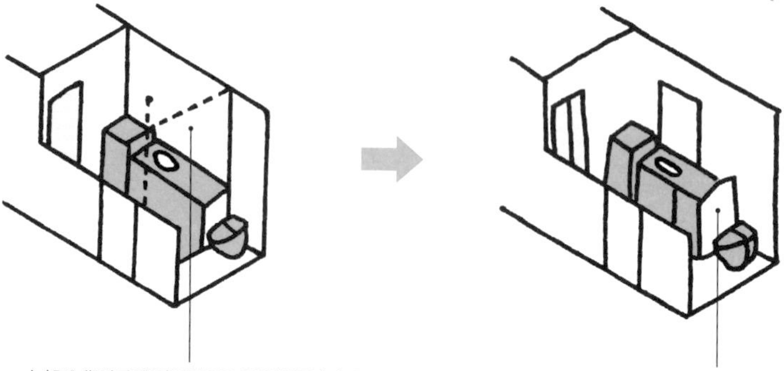

大部分盥洗室與廁所都是分開的獨立空間

加上腰壁板

## 期待只剩下夫妻兩人的生活

20年後，孩子長大離家，夫婦兩人的生活卻還很長遠。造屋時先設想剩下夫妻兩人的生活，反而能增添人生的樂趣。或許，還會因此對「變老」這件事，從不安轉變成期待！

**退休之後想要有一個家庭菜園……**

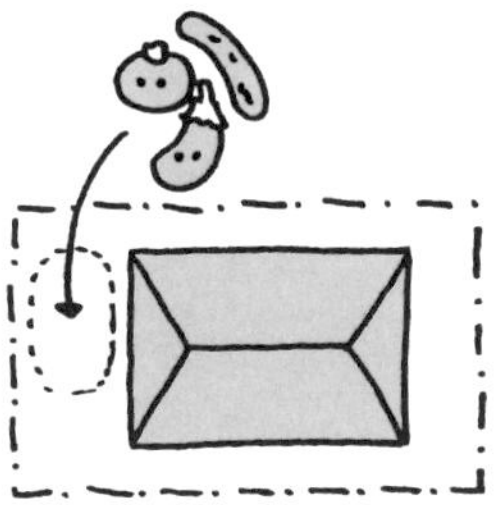

在建地裡留下一塊日照充足的空地。

**能放鬆休息時，希望有個柴燒暖爐在旁邊……**

先預想暖爐擺放的位置再進行隔間，屆時裝設暖爐煙囪等作業就能順利施工。

**活用自己的興趣開一間個人教室……**

預想客廳會變成教室，所以把客廳設於玄關附近。另外，為了避免人多時感到擁擠，必須先把天花板拉高。

**想要有能集中精神閱讀、使用電腦的書房……**

兒童房的收納空間可以改裝成有書架與書桌的書房。閣樓可以擺放因為嗜好而採購的道具或者拿來當作夫妻的午休空間。

**住宅最好擁有能隨時因應家庭變化的柔軟度。**

# 找回「社區共同體的連帶感」

選手宣誓：
我們一家人
決定要住在這裡了！

以前在日本造屋，從準備材料到建築都必須結合當地眾人的力量互相幫助。然而，自從二次大戰後出現組合屋以後，打造住宅這件事被建築公司等企業商業化，使得屋主永遠看不到木工師傅、造屋流程變得系統化。除此之外，因為人口從鄉村遷移到都市，使得「地緣關係」日漸稀薄，從前支撐著鄉村的社區共同體連帶感也隨之轉淡。

打造住宅其實等同宣示成為這片土地的一份子，在各種層面上都伴隨著相應的責任。因此，我認為在打造住宅時，不妨採用能找回社區共同體連帶感的方式進行。

使用當地出產的木材，也算是對當地的一種投資。另外，舉行上樑儀式時，找鄰居來參加，灑下儀式用的麻糬，不只將上樑儀式變成令人興奮的珍貴活動，也讓人與人之間的交際變得更寬廣。當地的人際網絡，在發生緊急危難時有所助益，日後漸漸成為一股在地的力量。

住宅所扮演的角色，不只是培養一個家庭，也是培養住宅以外整個社區共同體的力量之一。

# 成為社區的力量！

在現代社會中人們鮮少與鄰居往來，但只要思考當我們面臨災害等狀況，就會了解社區與自己其實是命運共同體。活化地方產業其實是一件令人開心的事。以造屋為契機成為社區的一員，想必也會讓房子住起來更舒適。

## 造屋時能與社區互動的方式

考量社區的樣貌規劃植栽，提供鄰居豐富的綠意與花草。

種植會結果的樹木，利用分送果實的機會增加與鄰居之間的溝通互動。

若使用當地產的木材，不只能嘉惠當地林業，也能活化山地、對環保有所貢獻。

發傳單通知鄰居上樑儀式的時間，在儀式上撒麻糬營造熱鬧氣氛。

**打造住宅就等於**
**宣示成為社區的一份子。**

# 打造「有感覺」的住宅

## 能刺激五感的住宅，才會讓你忍不住想回家。

打造住宅時，關鍵在於必須以多元視角來審視設計，但我認為「五感」感受的舒適最重要。

近年來的住宅，因為方便而大量採用人工的光滑材質，所以常常打造出缺乏刺激五感的住宅空間。把「感覺」具體的放在室內空間，就像穿了一件觸感輕柔的好衣服一樣令人感到舒適，自然而然地就會成為「令人忍不住想回家」的住宅。

五感當中，接收資訊量最大的就是視覺。藉由聽覺與嗅覺所獲得的資訊，雖不如視覺鮮明，但卻令人產生豐富的聯想、留下深刻記憶。譬如榻榻米的味道、母親做菜的聲音等，你應該都還記得吧？

觸覺也是左右舒適度的一大關鍵。譬如原木地板，尤其是針葉樹的木地板觸感柔軟，光腳踩起來特別舒適。每天要接觸好幾次的門把與樓梯扶手、輕靠牆面的厚實感等，令人感覺舒適的細節，就能改變生活的質感。

# 人其實非常重視五感

人在住宅中會無意識地啟動五感。刺激所有感官感受到的「舒適」大於「不舒適」就能打造宜人的空間。

**視覺**

・了解狹窄與寬廣的空間概念➡依照用途打造有層次的空間
・考量光線的效果規劃開口處與照明設計

**聽覺**

・藉由風雨聲近距離感受大自然
・非噪音的走動聲

**嗅覺**

・確保氣味不會擴散到整棟建築物，詳加規劃通風設計
・使用原木材、榻榻米的藺草等有香氣的天然材質

**味覺**

・品嚐食物➡打造能快樂做菜的廚房空間
・餐廳大小要像包廂一樣具備適度的封閉感

**觸覺**

・接觸門板或拉門➡把手或拉門門把必須選擇貨真價實、觸感佳的材質
・躺在地上➡選擇有柔軟度、觸感佳的地板材質

能為五感帶來良性刺激的住宅，
住起來會非常舒適！

# 帶著感謝的心情打造優質住宅

懷抱施惠之心的人稱為「施主」。

（*指建造房屋的屋主。）

您知道打造一棟住宅會動用多少種職業專長、需要多少人嗎？如果沒有眾人的協助，就無法成功打造出一個家。另外，雖然建築物下的建地是屋主出錢購買，但也不會有人因為這樣，就認為房子想怎麼蓋就怎麼蓋吧！

造屋不只要考量周遭鄰居，還要保持與大自然共存共榮的謙虛態度，對於這片土地能夠包容一家人落腳居住而心存感謝，我想這些才是造屋完成後也能持續建構良好關係的基礎。

建造住宅時舉行的動土、上樑儀式，目的是請求土地神靈允許動工。藉由這些儀式，能夠讓屋主產生今後居住在此地的社會責任心。另外，屋主與施工的師傅一起慶祝上樑儀式，是慰勞工作者辛勞、表示感謝之意的機會，讓師傅懷抱「好好完成這個工作」的心情努力造屋。近年來很多人省略這些儀式，但這是我最不希望消失的傳統文化之一。

# 無論過去、現代皆需要「人際網絡」才能造屋

依靠當地的居民互相幫助打造住宅的時代，自然而然就會懷抱「互助」的心情、心中充滿感謝。相對於現代，「購買」一個家的概念十分強烈，一旦認為「施主＝顧客」屋主對造屋相關人力的信任與感謝就會變得稀薄，也容易招致不滿。

## 更換屋頂茅草需要借助大家的力量

以前建造房屋需要整村的人互相幫忙。替換屋頂的茅草就是以互相幫助的形式進行，這種合作方式稱為「結」。

## 現代造屋的相關人士

挑選土地與購買住宅需要不動產業者、籌措資金需要金融機構、住宅設計需要建築師、現場施工需要營造公司、施工師傅……建造房屋會與許多人相遇。因為網路普及而充斥過多資訊的現代社會，人們往往容易感到迷惘或不滿。然而，藉由珍惜人與人之間的連結、心懷感激，就能夠離心目中的完美住宅更進一步。

# 透過儀式讓人懂得謙卑

動土儀式是向建地的土地神靈請求使用許可、祈求施工平安的儀式。建築物的主要框架完成後，進行上樑儀式祈求建築物平安。很多人選擇兩種儀式皆省略，但這些儀式卻是讓屋主做好心理準備、與施工人員交流的珍貴機會。

## 「動土儀式」表示對土地神靈的敬意

一般以神道教進行，但也有佛教與基督教的儀式。

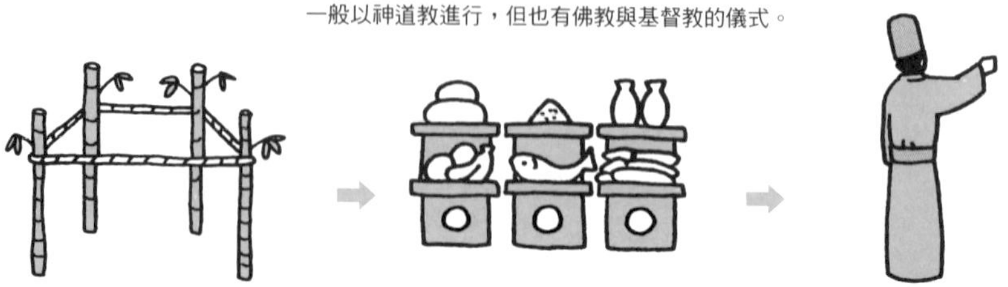

**①用青竹圍起神明的空間**

為防止不潔之物入侵，立起青竹圍上繩索，最後掛上（象徵繁榮的）白紙條。

**②擺放供品**

米、鹽、山珍、海味、農作物各三樣，再加上御神酒。

**③淨化四方**

將御神酒、米、鹽、白紙灑向建地中央與四個角落。

**④以圓鍬動土**

設計師拿鐮刀、屋主拿圓鍬、施工者拿鋤頭，依序朝砂堆象徵性地各做三次使用工具的動作。

**⑤擺放鎮靈之物**

為安撫土地神靈，把紙人以及象徵盾牌、矛、短刀、鏡子等物埋進地下。

## 在「上樑儀式」祈求施工平安，對施工人員表達感謝之意

上樑儀式以敬天地神靈之名目，在儀式上灑麻糬與零錢、昆布、魷魚絲、蘿蔔等物。蘿蔔好消化「不會火燒心」象徵「樑柱不會被火燒」，就像是一種文字遊戲。上樑儀式結束後，參加者一起享用供品的宴會稱為「直會」，同時也是居住者與施工者交流的場合。

# （莫忘感謝施工人員）

購買已經蓋好的房子或者建築公司在工廠大量生產的組合式住宅，可能比較難感受施工人員的存在。然而，若是由當地工務店施工，就能在互相打照面的情形下建造房屋，彼此都會因為有所交流而有更深刻的認識，在工作上對施工人員也會有好的影響。

## 在現代，一般而言很難看到建造房屋的施工人員

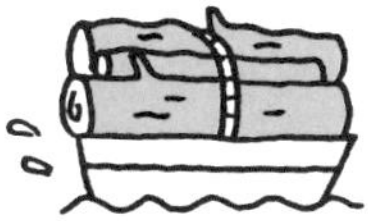

使用進口木材或人造板

以機械裁切木材

大多沒有舉辦上樑儀式

心情就像是買進工廠生產的制式規格產品

## 關懷當地的造屋形式……能見到面是信任的基礎

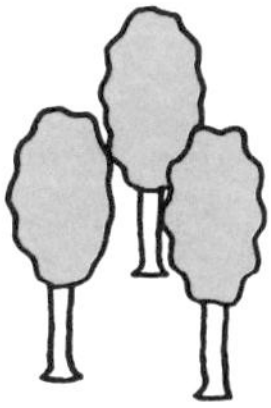

大量使用當地的木材

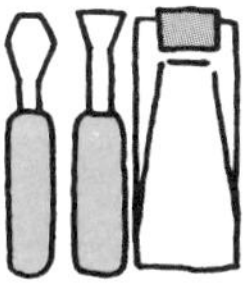

木材經過木匠手工雕刻

舉辦上樑儀式

設計師、施工人員、屋主之間構築友善的關係。

**對大自然、土地、鄰居、施工人員心存感激就能打造好宅。**

# 思考隔間的第一步

## 不經意的一句話可能就是關鍵

規劃隔間時，必須考量建地狀況與居住者的條件、狀態，同時確認建築規範等各項規定才能整理出頭緒。此時，如果只是單純以LDK（*LDK分別指客廳（Living room）、餐廳（Dining room）與廚房（Kitchen）。）再加上房間數量來決定隔間，可能會造成居住者反而必須配合建築物生活的情形。

就像每個人都有自己的性格一樣，每個家庭也都各有其生活型態與價值觀。考量隔間的過程中，為了凸顯自己的喜好與特性，不妨用言語來表達自己想要的住宅與空間。希望藉由收集這些想法，能夠成為思考隔間最初的契機。

譬如「喜歡綠意」的想法，可以轉化成從客廳能夠看到庭院、容易往返庭院的隔間規劃。如果想打造「能呼朋引伴」的住宅，隔間時可以擴大客廳與餐廳的面積。如果是「喜愛美食」的家庭，可以將廚房與餐廳做為規劃中心。如此一來，隔間的形象不就更具體了嗎？

## 從「常用的語言」發想

寫下自己想到能夠表達理想住宅與居住空間的詞彙，然後告訴設計師。
這些想法就像拼圖的其中一片一樣，會影響「隔間」規劃。

**放鬆**

・打造有安全感的空間
・打造小巧溫馨的空間
・打造光線不刺眼的房間

**熱鬧**

・打造家人、朋友聚會的空間
・打造能坐得下很多人的空間
・可以供多人使用的廚房

**悠哉**

・打造能夠眺望庭院、悠哉的空間
・講究寢室的舒適度

**享樂**

・加入平常也能享受生活的元素
・打造能裝飾自己喜愛物品的空間

把自己所追求的住宅與空間用語言表達，
轉化成具體的形象非常重要。

# 打造舒適住宅需要靠老祖宗的智慧

舒適的居家環境必定有其成因

# 向日本的老宅學習生活的智慧

無論時代如何變遷，
重要的事情也不會改變。

近年來，老宅又再度受到重視。老宅採用當地材料與職人技術打造，而且構造又適合當地風土。或許是因為其展現當地文化特徵、採用順應環境的建造方法等有許多值得學習的地方，才會再度受到重視吧！

日本老宅常見的土間（*譯註：日本的住宅中，習慣先脫鞋才進入室內，只有土間不需脫鞋。鋪設材質多為熟石膏、珪藻土、磁磚等。）、防雨簷廊、土間簷廊，介於室內與室外之間的場地是具有彈性的空間，能夠因應不同季節的生活變化。此外，拉門是最具代表性且非常優越的材料，能夠因應雨水與溼氣、風向等地方特有的自然現象，讓住宅能貼近四季的變化。就算老宅不像現代住宅，在沒有隔熱、氣密效果、設備機械的狀況下，為追求舒適人們仍以智慧克服難關。

這些老祖宗的智慧一點也不過時，反而帶給我們新的發現。能夠活用於現在住宅中的提示，都蘊含在老宅之中。讓我們一起來挖掘這些寶藏吧！

# 日本老宅的特徵為何？

## 基本上由三個空間組成

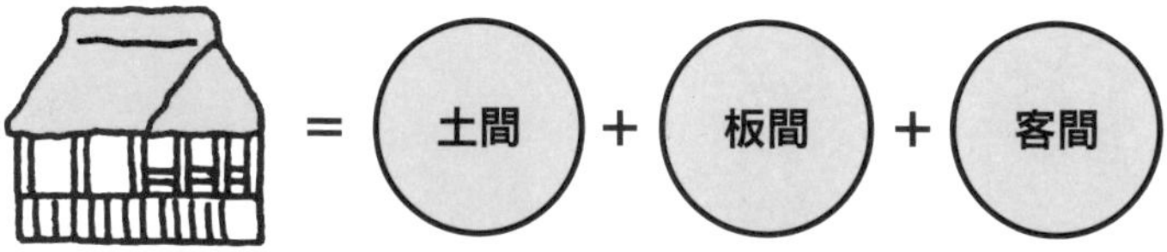


地板的做法不同，空間的命名也隨之改變。

老宅

工作的地方
土

生活的地方
木板

接待客人的地方
榻榻米

## 連接室內與室外的「簷廊」

**內簷廊（東日本）**

相對於防雨簷廊，內簷廊位於門窗內側。

**防雨簷廊（西日本）**

位於防風雨的門窗外側。

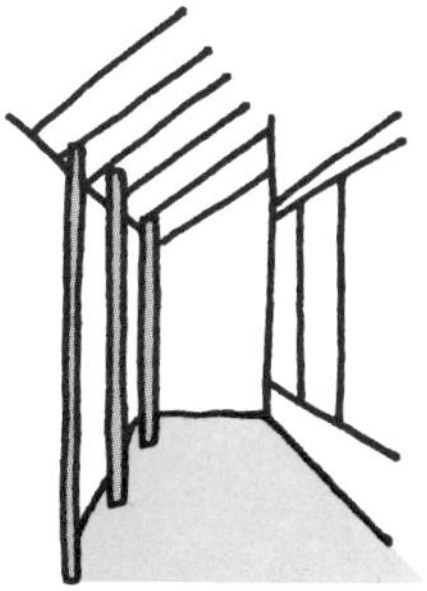

**土間簷廊（北日本）**

相對於鋪設木板的簷廊，土間簷廊以土間工法鋪設。冬天則關上遮雨窗避寒。

## 蘊含許多延長使用壽命的智慧

以木材對木材榫接

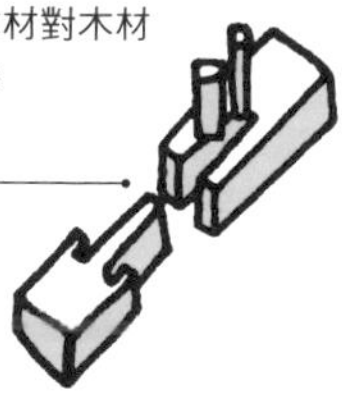

日本溼氣重，如果使用金屬零件容易結露並生鏽，所以盡量不使用。

為了不讓木材腐壞，基座採用沒有吸水性的石材。

豪不浪費地使用未削去樹皮的木材，將木材本身有趣的紋理運用在設計上。

# 現代住宅與老宅比一比

## （左）現代住宅　　（右）老宅

屋簷、遮雨簷很淺

最近很多住宅的屋簷都很淺。老宅因為有較深的屋簷，所以能保護外牆不受雨水侵蝕也能防止材質劣化。

屋簷、遮雨簷較深

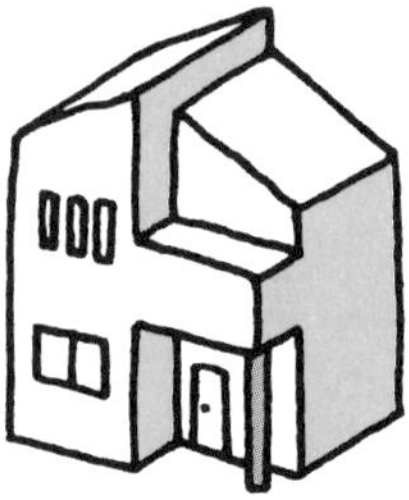

屋頂的傾斜角度
很少因地制宜

位於多雨地區的住宅，屋簷傾斜角度大才能快速排出雨水。

根據地區不同而有所差異

沒有像簷廊這種緩衝空間

有遮雨功能的簷廊不僅能調節光線與熱氣，也是與土地交流對話的場所。

連接室內外的簷廊

# （試著在現代住宅活用老智慧吧！）

## 有緩衝區或土間的自在生活

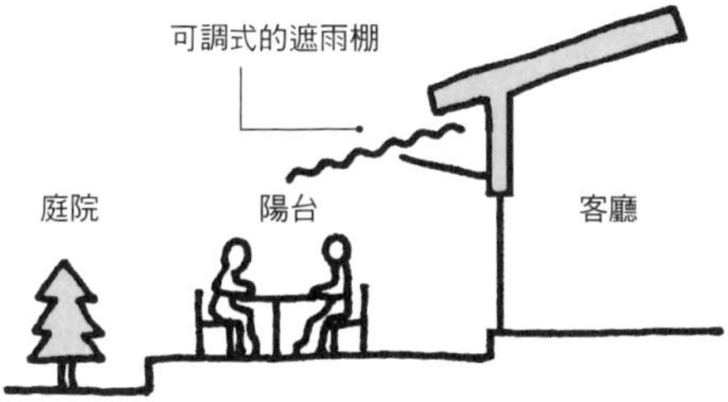


### 向外擴展

藉由可調式的遮雨棚，輕鬆地連接客廳、陽台與庭院，營造由內而外延伸的寬闊感。

### 兼具室內、室外的特質

室內陽台可視為客廳的延伸，也是兼具室內、室外特質的空間。冬天可保存晨間的太陽熱能，讓溫暖的空氣持續到夜晚。

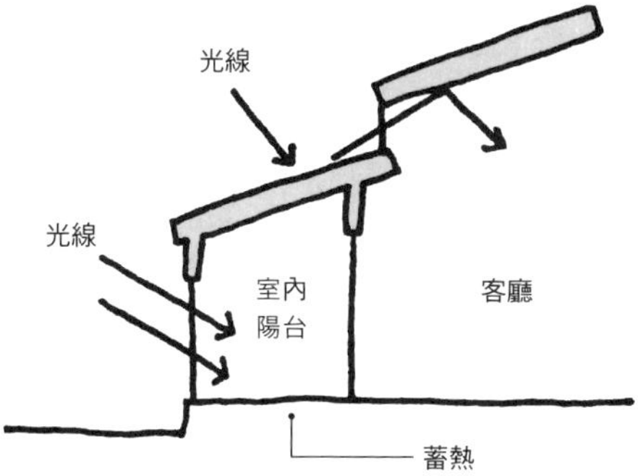


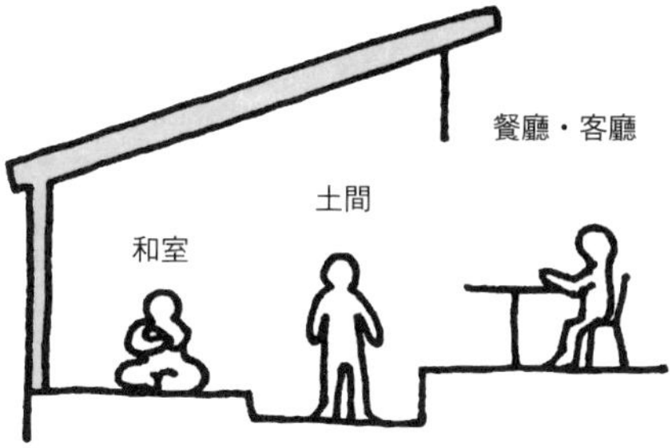


### 隔間時活用土間功能

以土間工法鋪設室內通道，區隔和室與客餐廳的空間。如此一來，不僅能輕易切換空間感，通道也能成為孩子的遊戲區或整理室外用品的工作區。

> 老宅巧妙地與大自然共存共榮，
> 蘊含許多讓生活更多采多姿的秘訣。

# 了解建地的氣候風土

## 從何處建構與大自然之間的關係？

南北呈細長形的日本，夏季高溫多濕而冬季則較為溫暖乾燥。

若住宅要因應濕熱的天氣，室內空間以通風良好的開放性空間為佳；若要抵抗冬季的寒意，則需要封閉的空間較為理想。因此，打造住宅時需要滿足開放與封閉兩種完全相反的條件。

然而，隔熱與氣密效果顯著提升的現代住宅中，已經達到「想關就能關」的水準，所以門窗「如何開」反而才是真正的課題。譬如思考一扇窗要開在哪裡時，是否了解當地特有的風向，對居住的舒適度大有影響。住宅若能正確打造開口處，就可在節能的狀況下同時擁有舒適生活。

現在日本各地的住宅都大同小異，遺忘了解各地氣候特性、尋找符合氣候風土之法的老智慧，我認為對居住者而言是一種「損失」。

# 日本各地氣候皆獨具特色

日本1年365天當中，降雨超過1mm的天數超過100天。
其中，依照雨雪量多寡老宅的屋頂會呈現不同形狀。

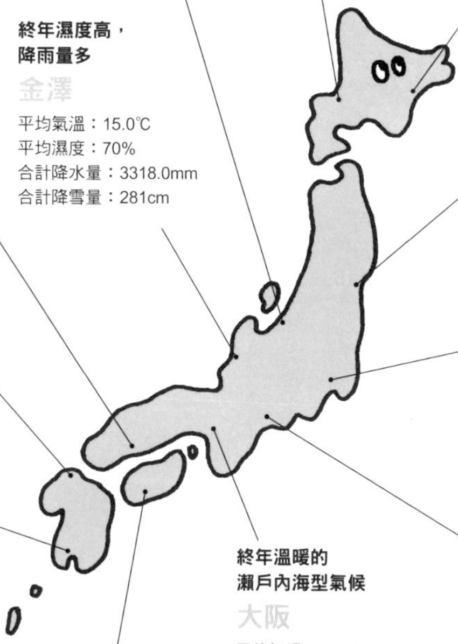

**夏季溫度高**
**日照時數少**

### 新潟

平均氣溫：13.8℃
平均濕度：73%
合計降水量：2327.0mm
合計降雪量：255cm

**夏季涼爽，冬季通常是**
**陰天或降下暴雪**

### 札幌

平均氣溫：9.2℃
平均濕度：71%
合計降水量：1347.0mm
合計降雪量：577cm

**寒冷涼爽濕度高，**
**但降雨量少**

### 釧路

平均氣溫：7.1℃
平均濕度：78%
合計降水量：1229.5mm
合計降雪量：153cm

**山區有積雪，**
**降雨量較多**

### 廣島

平均氣溫：16.6℃
平均濕度：67%
合計降水量：1820.5mm
合計降雪量：8cm

**終年濕度高，**
**降雨量多**

### 金澤

平均氣溫：15.0℃
平均濕度：70%
合計降水量：3318.0mm
合計降雪量：281cm

**冬暖夏涼年溫差小的**
**海洋性氣候**

### 仙台

平均氣溫：12.7℃
平均濕度：71%
合計降水量：1111.5mm
合計降雪量：87cm

**溫暖**
**但有季風**

### 福岡

平均氣溫：17.7℃
平均濕度：66%
合計降水量：1801.5mm
合計降雪量：5cm

**全年日照時數與高知**
**相同，皆為日本第一**

### 東京

平均氣溫：17.1℃
平均濕度：61%
合計降水量：1614.0mm
合計降雪量：8cm

**冬季溫暖，夏季日照時間長、**
**降雨量多**

### 鹿兒島

平均氣溫：18.9℃
平均濕度：70%
合計降水量：1777.5mm
合計降雪量：4cm

**終年溫暖的**
**瀨戶內海型氣候**

### 大阪

平均氣溫：17.1℃
平均濕度：61%
合計降水量：1418.0mm
合計降雪量：3cm

**夏季高溫多濕，**
**冬季乾燥晴朗**

### 名古屋

平均氣溫：16.4℃
平均濕度：64%
合計降水量：1463.5mm
合計降雪量：13cm

**高溫多濕的**
**亞熱帶氣候**

### 那霸

平均氣溫：23.3℃
平均濕度：73%
合計降水量：2071.0mm
合計降雪量：—

**通常都是晴天，**
**但一下雨就是豪大雨**

### 高知

平均氣溫：17.3℃
平均濕度：68%
合計降水量：2327.0mm
合計降雪量：—

數據依照各地區資料為基準，由作者整理製圖。

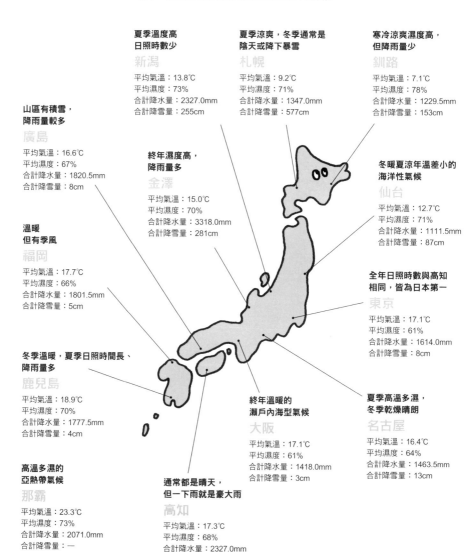

# 東京與大阪的風向不同是真的嗎？

您知道自己居住的地區有固定風向嗎？當然，風向會隨天氣與季節不同而有所差異，但一般會有「平常都是由西向東吹」的固定方向。因此，如果想要打造通風良好的住宅，只要配合風向開窗即可。

## 應該配合當地方向改變窗戶位置

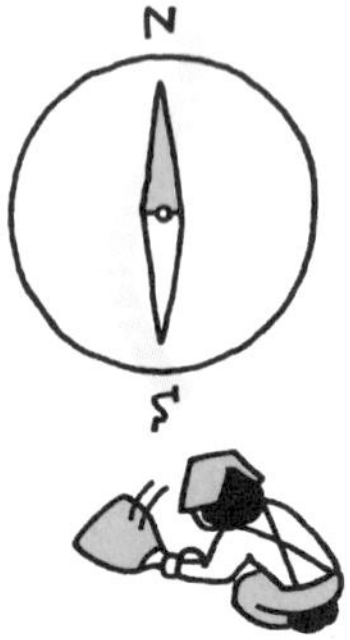


**東京**

由南到北

↓

**窗戶的位置應該如何配置？**

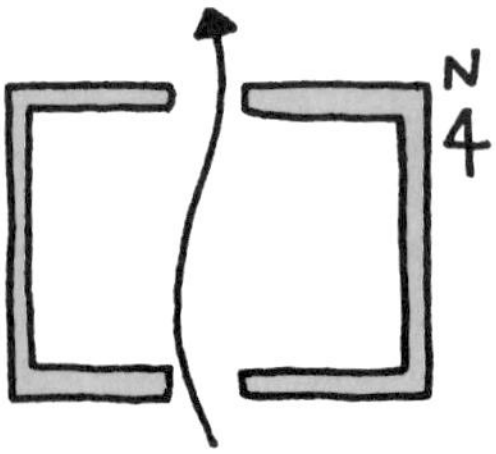


讓風能夠
由南向北吹的設計。

**大阪**

由西南到東北

↓

**窗戶的位置應該如何配置？**

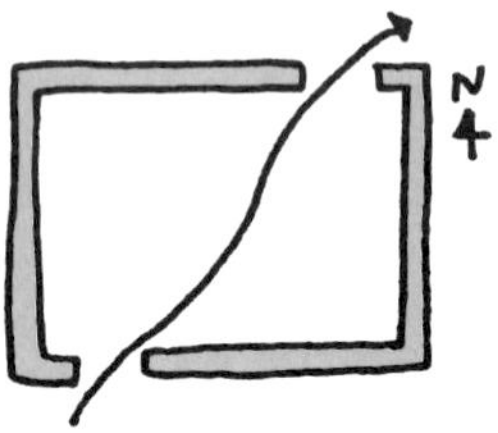


讓風能夠
由西南向東北吹的設計。

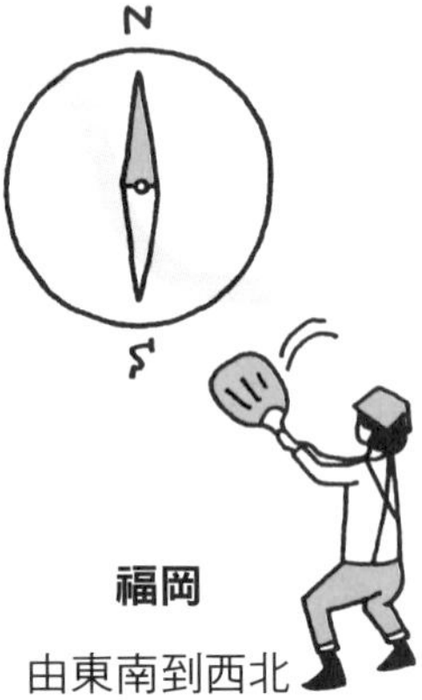


**福岡**

由東南到西北

↓

**窗戶的位置應該如何配置？**

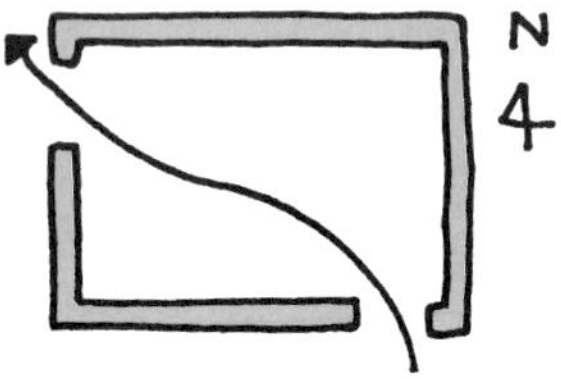


讓風能夠
由東南向西北吹的設計。

# 與雨水和平共處的老宅技法

在多雨的日本，傳統老宅運用許多巧思來防止雨水傷害建築物，
打造在雨中也能舒適生活的空間。

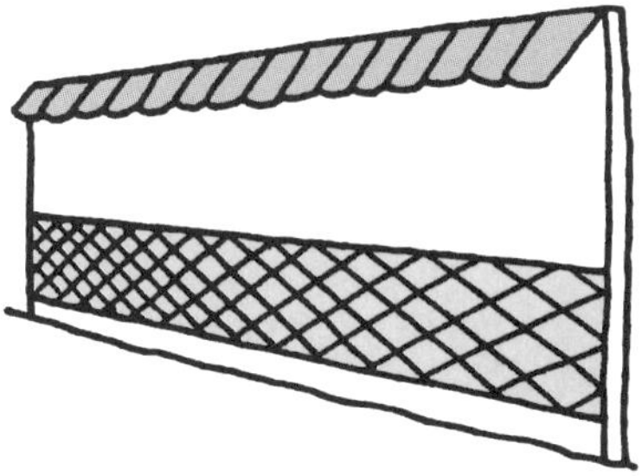

### 瓦牆

在容易被雨水侵蝕的下半牆貼上瓦片，間隙用熟石膏填縫。

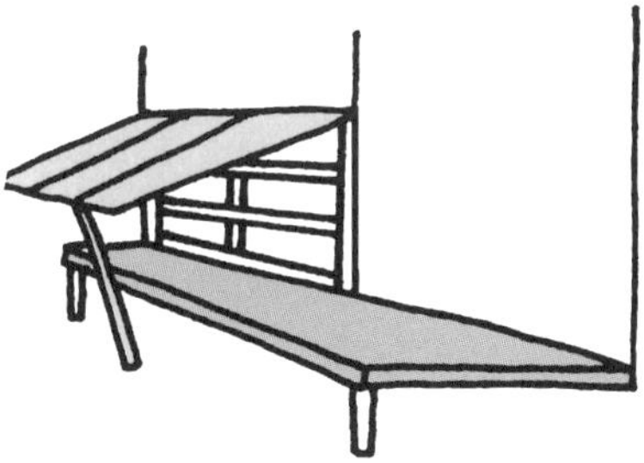

### 有遮雨棚的地窗

使用活動鉸鏈，打造可開關的遮雨棚。如此一來，下雨時室內也能保持通風。

### 防雨簷廊

拉長屋簷防止雨水潑進室內。夏季天氣晴朗時有遮陽功能，但也有造成室內光線較暗的缺點。

**發揮巧思配合各地的氣候特性，**
**就能打造舒適且壽命長的住家。**

# 向徒然草學習造屋知識

## 至今仍很新穎的住宅參考書。

680年前由吉田兼好所撰寫的《徒然草》當中，非常知名的一節就是「造屋應以仲夏為準」。

這篇內容表達出推崇住宅必須適宜日本氣候風土的想法。傳統的日本住宅，以夏季為設計主軸，採用重視通風的構造來因應夏季氣候。先人所留下的語言當中，蘊含許多事物的本質，並且提醒我們去發現。

然而，隨著冷暖氣等設備普及，加上從前住宅的構造會使建築效率低，現在打造住宅轉變成以提高氣密、隔熱效果為主軸。其結果，不僅出現因住宅環境而引起的病症，還有因結露而產生黴菌等新問題。

日本的夏季高溫多濕，即便到了現代，良好通風仍是住宅的基本。在門窗上多花心思確保通風，盡量擷取拉門能夠自由控制通風與空間大小的優點吧！如此一來，不只能讓室內環境更美好，也能提升居住舒適度。

# 680年前日本的造屋原則是……？

**吉田兼好**
**這樣寫道：**

吉田兼好
（1283年～1352年）

**「造屋應以仲夏為準。冬季隨處可營生，然仲夏酷熱，若無法令人舒適度過炎炎夏日則難以居住。水深會因為缺乏流動不會令人感到涼快，水淺而潺潺流動才沁人心脾。在室內看小東西時，拉門比吊門更能引入光線。天花板越高冬日越冷，光線也更昏暗。」**

「徒然草第五十五段」

請試著解讀有底線的兩句話吧！

## 「造屋應以仲夏為準。」

「造屋應以仲夏為準。」也就是說，
這句話的意思就是：

**「造屋必須優先考量通風。」**

## 「拉門比吊門更能引入光線。」

「拉門（可雙開的拉門）比向外推的吊門更能使室內明亮。」也就是說

**兼好的建議是：**
**「使用拉門引入光線。」**

# 通風效果佳的老宅門窗

仔細觀察老宅的窗戶與開口處，就可發現老宅對於通風細緻的安排。為了能舒適度過高濕度的夏季，老宅在漫長的歲月中累積許多巧思。快來找找能夠運用在現代住宅的妙計吧！

## 開小窗引導風的流動

不封死整面牆，保留部分土牆結構（木條或竹條製的牆面結構，稱為木舞。）成為透氣窗。書院造建築（譯註：書院是書齋兼起居室的空間，之後的和風住宅深受書院造影響。）與走廊的牆面等經常使用這種工法。

在北側高處開一扇小窗戶，藉此吸走室內爐火產生的煙霧。夏季有通風功能，能藉此讓其他窗戶引入涼風。

## 門窗的設計也要考量通風效果

上下或左右拉開紙門，就可悄悄引入涼風。

在紙門中間製作條狀間隙，以保持通風。（主要用在倉庫等收納用空間）

## 依照季節更換不同的門窗

夏季使用「簾戶」，冬天則使用「紙門」。簾戶是竹編或木編的門窗，又稱為夏季紙門。

# 拉門到了現代也是門窗界的優等生

## 拉門可自在地改變房間的區隔方式

房間的區隔方式若採用拉門，可以自由地選擇全開也可以只開一道縫隙。西式門板必須保留開關門的面積，拉門則較能節省空間。

## 可調節通風

依照季節不同，可自由調整開關的幅度。

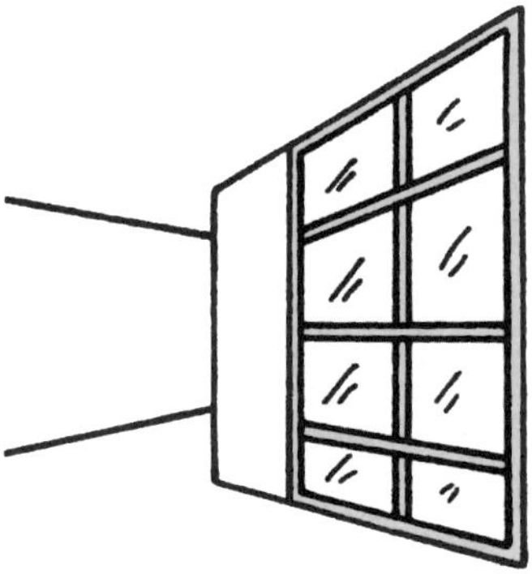

## 改變室內氣氛

2片玻璃板中間夾一塊布，就能把穿透布料的溫和光線引入室內。

**在門窗上多花心思、控制通風的基礎技巧，從古至今皆未改變。**

# 了解木之國日本與各種木材

適材適所的「材」就是指「木材」。

日本列島上披覆豐富的森林資源。戰後種植許多針葉樹，現都已經長成大樹等著人們來取用，但日本國內反而常用國外進口的木材。日本產木材的價格總是令人在意，但它耐濕氣、紋理細緻，而且許多樹種擁有美麗木紋。造屋時若能多採用日本木材，或許會成為解決各種環境問題的契機。

建築用木材大多為檜木、赤松、杉木等針葉樹種。每一種都具有調節濕氣、重量輕且不易變形的特質，但各有其不同的特殊之處。使用不易腐壞、壽命長的檜木與栗木為基座，以強韌的松木做為支撐重量的樑柱，調節濕度效果好的桐木可製作家具，如此適材適所地運用木材，對住宅而言就會有使用壽命長等眾多好處。

然而，室內裝潢若過度使用木材，太強調木材紋理反而可能使外觀顯得單調。要打造靈活運用木材的舒適空間，木材的使用量最好控制在房間整體面積的20～30％以內。

# （日本境內有多少森林呢？）

**雖然有點突然，但請回答以下問題！**
**森林占日本國土面積多少百分比呢？**

**10%　30%　55%　67%　85%**

提示：英國10%、中國14%、美國32%、加拿大54%

**答案是 67%**
**世界排名第三！！**

**順帶一提，全世界平均**
**森林占比為**
**31%**

**然而……**
**日本產木材卻只有20%被使用。**

日本雖為森林大國，但原木、板材、合板、人造板、木片等總共有80%為進口木材。

# 你知道木材有多厲害嗎？

### 木材可以吸吐水分

濕氣重的時候會吸濕膨脹，空氣乾燥時釋放水分體積縮小。當作建材的木材，含水率以15%為基準較佳。

### 木材是儲存碳元素的倉庫

二氧化碳是造成溫室效應等環境問題的兇手，而木材可藉由光合作用從葉面吸收二氧化碳，轉化成碳元素化合物儲存於樹幹之中。

### 木材比鐵還強韌

延展木材與鐵，相互比較就可以發現木材的延展性比鐵高4倍，壓縮時的耐受度則是鐵的2倍。

### 木材耐火性佳

木材就算起火燃燒也只有表層會碳化，內部因為無法提供氧氣而無法延燒至中心。

### 木材容易腐壞？壽命多長？

木材之所以會腐朽，是因為腐朽菌作祟。含水率20%以下腐朽菌無法繁殖，所以保持乾燥非常重要。據說花60年培養的木材可以耐用60年。

# 針葉樹與闊葉樹的性質不同

針葉樹

葉片尖而細長，幾乎是常綠樹木。檜木、赤松、杉木等皆屬於針葉樹。
[適合的使用方法]
樑柱、地板

**纖維的方向筆直**

比重小（0.4）所以重量輕且不易變形。熱傳導率小，因此肌膚與其接觸時會覺得溫暖。

闊葉樹

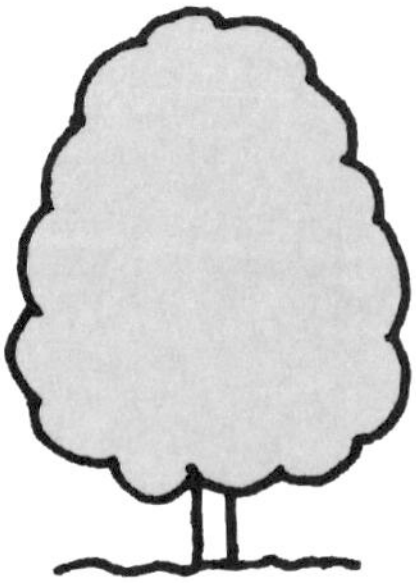

**纖維之間的排列緊密**

葉形扁平，有落葉樹與常綠樹兩種。蒙古櫟、栗木、櫸木等皆屬於闊葉樹。
[適合的使用方法]
門窗、家具

比重大（0.7）材質強韌很少有彎曲的情形，但伸縮幅度大且容易變形。熱傳導率好，因此皮膚與其接觸時會感覺冰冷。

# （木材能夠刺激感官）

## 木紋的美感帶給人溫和的視覺享受

大自然創造的年輪，雖有規律但稍有變化的紋理，使人的眼睛能接收大自然的溫潤感。

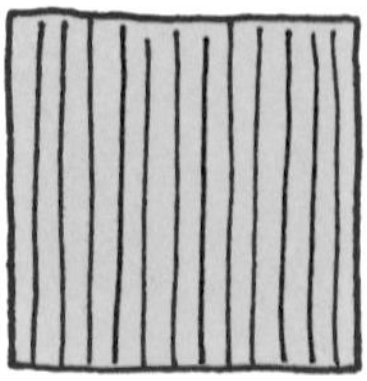

規律的直條紋

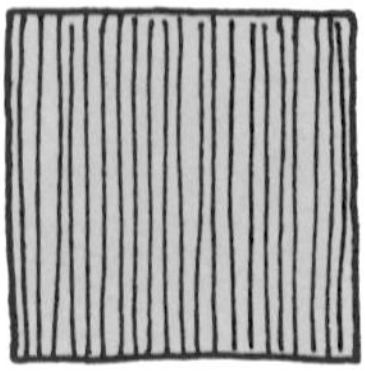

杉木正中間的切面紋理
（針葉樹）

櫸木的山形紋理
（闊葉樹）

## 木材能夠溫和地折射光線

平行與垂直木材的紋理，因光線折射的角度各有不同。因為木材表面有細微凹凸，所以會因散射而減輕光線刺眼的程度。

木材纖維直角方向的光線折射

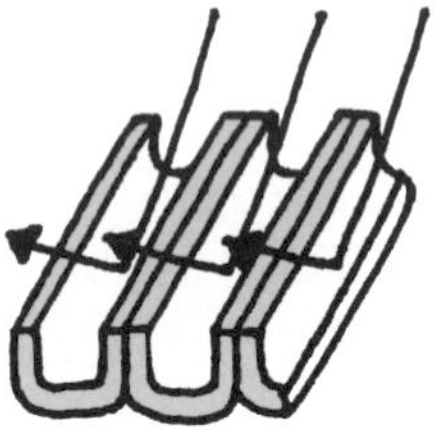

木材纖維平行方向的光線折射

## 木材的觸感絕佳

木材不易傳導熱能。木材柔軟、光滑的觸感，相較於石材、玻璃、塑膠等材料，更令人感到親切。

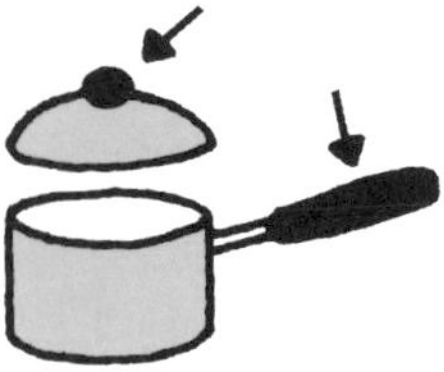

溫暖（冷暖感）

柔軟（軟硬感）

光滑（粗細感）

# 不同位置使用不同木材

雖然都是木材，但因為種類不同性質也琳瑯滿目。傳統的木工師傅最了解如何徹底運用不同性質的木材。現在因為有人造板以及事前裁切木板的工法，使得老祖宗的智慧未得到重視。然而，瞭解基本原理後依現況調整非常重要。

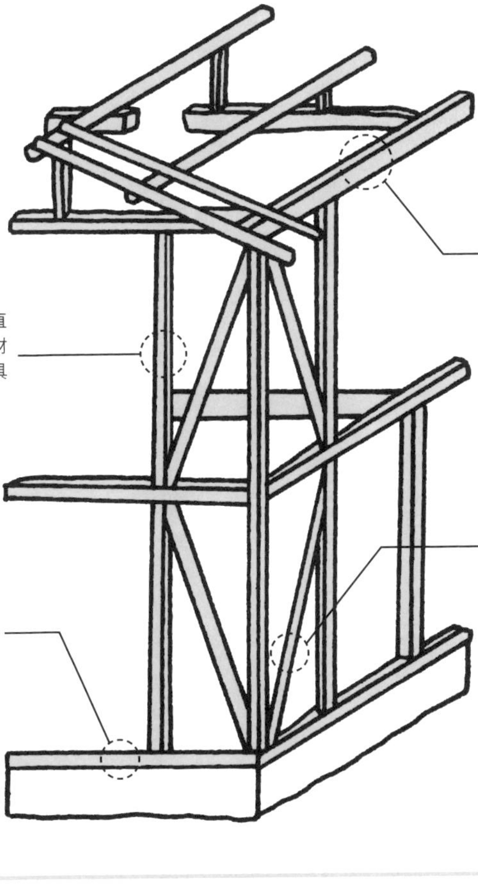

**通柱・管柱**
杉木、檜木、扁柏

較常使用杉木。紋理筆直又柔軟且容易加工。芯材（原木中心的木材）也具有強韌度。

**基座**
檜木、扁柏、栗木

經常使用具有壽命長、耐水、防腐特性的檜木與扁柏。

**樑**
赤松

耐壓縮的赤松通常用在樑柱、乘樑架等水平支柱。

**支撐軸**
杉木

與通柱相同，通常使用容易加工的杉木。

我們應該要瞭解木材的特性，並且適材適所運用於建築中。

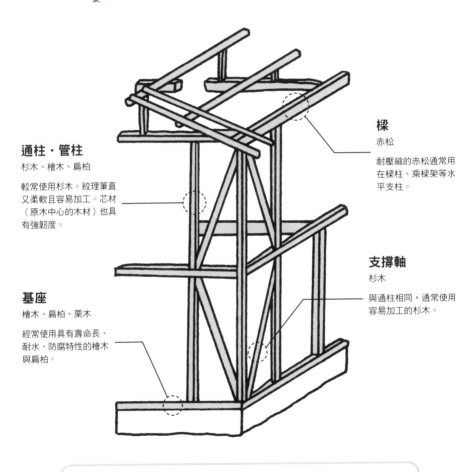

# 何謂好材料、好建材？

## 住宅是由什麼組成的？

傳統建築由天然材質組成。譬如屋頂由茅草與檜木皮構成；內部裝潢為土牆、灰泥、和紙、木材組成；地板則使用木材、竹編、草編等材料。這些都是隨手可得的材質，或者說當時也只能用這些材料。然而，現代住宅卻採用大量化學合成建材。其原因在於這些材質不易汙損、腐爛，品質均等且便於施工。

使用天然材質必須非常了解材料的性質。原木的缺點是會有節眼、可能會翹曲變形。在抱怨這些缺點以前，試著思考其成因與材質的特性其實互為表裡。使用天然材質，就需要這種思考上的餘裕。

天然材質蘊含著生命力，具有受環境影響而改變的特質。正因為如此，花時間勤保養，天然材質會越用越美。另一方面，化學合成建材雖缺乏令人沉穩的元素，但不太需要花功夫保養，適合用在需要耐候性、耐久性的場所。瞭解材質的特性，區分使用的場所比什麼都重要。

# 過去與現在、天然材質與合成建材

## 傳統住宅……「天然材質」

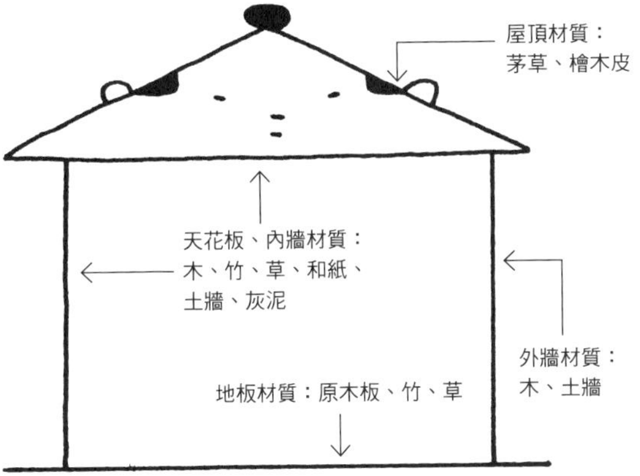


- 使用天然材質建造
- 天然材質會呼吸
- 不刷塗料
- 需要專業職人的技巧
- 可享受歲月洗禮後的美感
- 使心情溫和平靜

## 現代住宅……「化學合成建材」

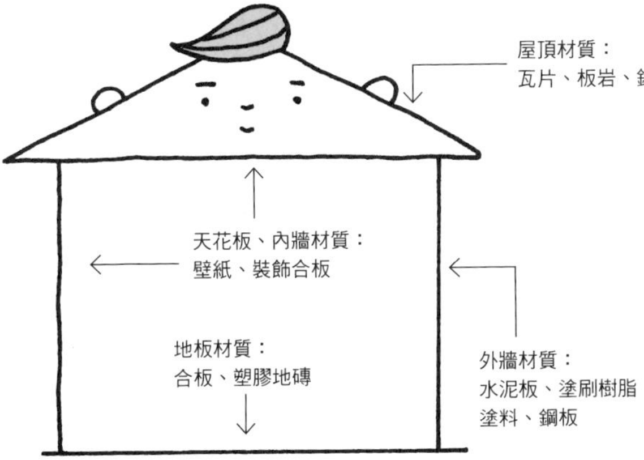


- 使用合成樹脂建造
- 合成材質不會呼吸
- 需刷塗料
- 不需要專業職人的技巧也能施工
- 不需要花時間保養

**瞭解材質特性，**
**依照不同用途分開使用。**

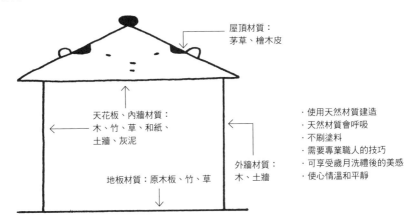

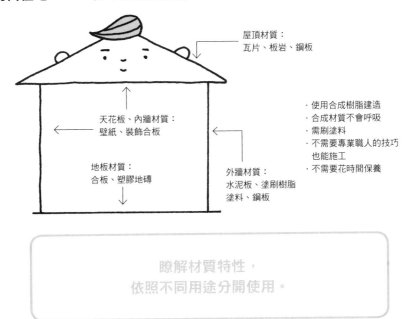

# 腳底的觸感傳達住宅的舒適度

地板是
人最常接觸的地方。

現在很多家庭都習慣在房間裡穿拖鞋，但進入室內必須脫鞋是日本的傳統文化，感覺光著腳身心才能獲得解放，舒服自在地生活。不過，若脫鞋進入室內，地板材質與腳底觸感之間的關係就會顯得非常重要。

比較木質與磁磚地板就會發現，木材溫暖而磁磚冰冷。體感溫度大概差5度左右，但其實溫度完全相同。體感溫度之所以會出現差距，是因為熱傳導率（熱的移動速度）不同。熱傳導率高的地板，會從腳底拉走體溫，夏季感覺冰冰涼涼很舒服，但在寒冷的季節裡則會使體溫下降。

除了溫度之外，「觸感」與「踩踏的舒適度」會大幅影響整體舒適感。柔軟的地板有緩衝功能，身體會覺得比較輕鬆。其結果甚至會左右居住者的生活型態。沒人想在需要穿拖鞋、既冰冷又堅硬的地板上打盹，但鋪著原木地板或榻榻米、軟木墊或地毯的地方，任誰都會毫不抗拒的在這裡小睡吧！

# 地板材質不同生活型態也會有所變化

天花板和牆面都只能觀賞，但地板卻必須每天接觸。
因此，地板材質不同，人的動作與放鬆的方式也會受到影響。

### 榻榻米

表面使用藺草等植物纖維，榻榻米內部也使用富有彈性、保溫性的材質。因此觸感舒適，可以直接坐臥。

### 木地板

使用原木鋪設的木地板有天然的木材紋理與色調，不刺激眼睛觸感又好。因為比榻榻米堅硬，所以坐著的時候需要沙發或坐墊。

### 磁磚

具有耐水性，適合放置景觀植物的室內陽台或採光露台，較容易保持清潔。由於材質堅硬，如果需要長時間接觸必須穿上拖鞋。

### 地毯

溫暖柔軟的毛織材質令人想躺下來休息。腳步聲會被地毯吸收是一大優點，但缺點是一旦沾染髒污或變色會很難清理。

# 地板材質不同，觸感也截然不同

地板材要選擇什麼？防水、有地板加熱器也不會變形、耐衝擊、讓樓下不會聽到腳步聲等，請過濾出必要的功能吧！接著，再從喜歡的觸感與外觀判斷，就能瞭解應該選擇什麼材質了。

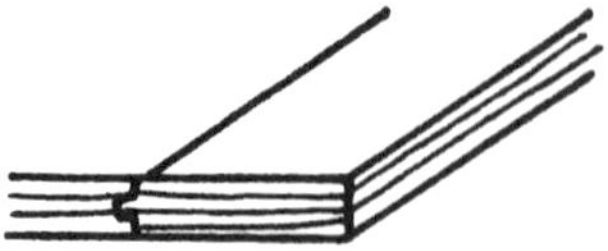

### 合板地板

由合板貼合加工之材質，觸感冰冷堅硬。

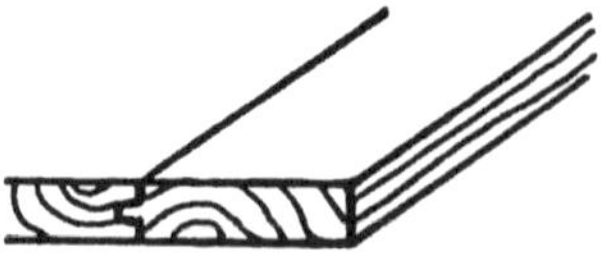

### 原木地板

因為是天然的木材，所以觸感溫暖而柔軟（尤其是針葉樹）。

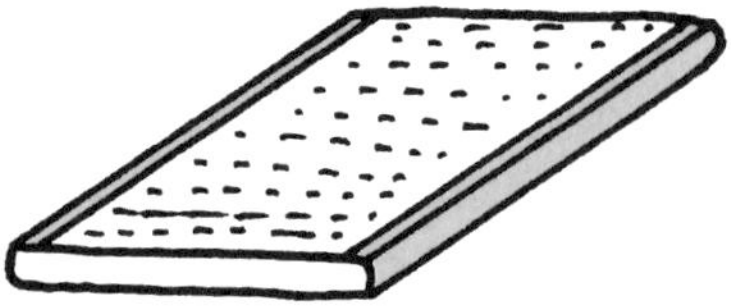

### 榻榻米

材質柔軟，夏季可遮蔽熱氣觸感清爽，冬季則具有隔熱保溫的效果。

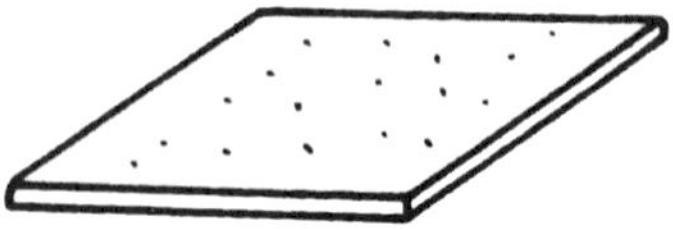

### 軟木墊

具吸濕效果、有彈性好行走。因為是天然材質，觸感也很溫暖。

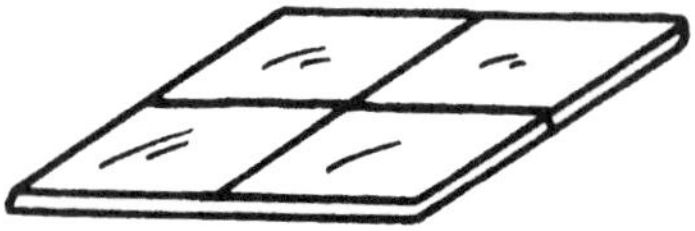

### 磁磚

材質冰冷堅硬，對腳的負擔很大，因此需要穿拖鞋。優點是防水。

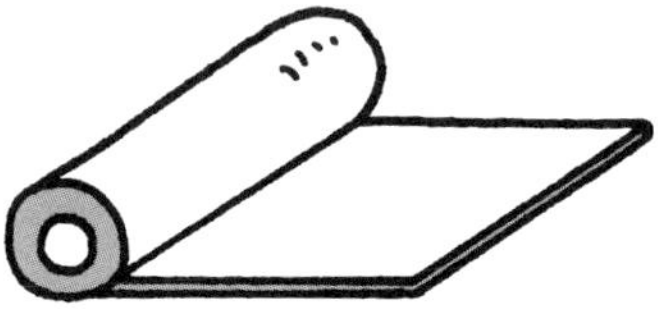

### 樹脂地板

因為是塑膠材質，所以可吸收衝擊力。越厚越好走，保溫效果也越好。

# （「冰冷」是性命攸關的問題）

## 必須注意腳底的「寒意」

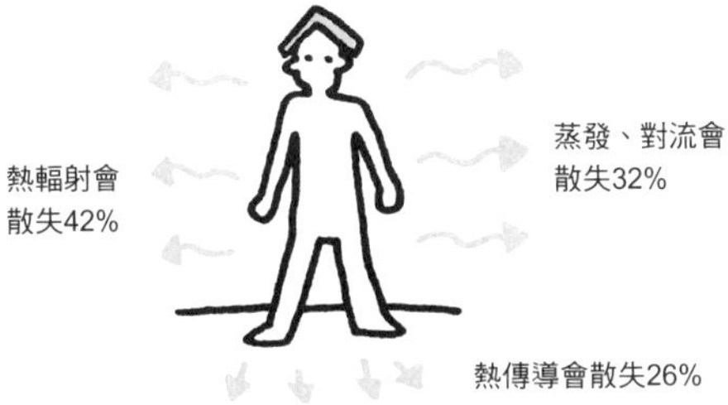


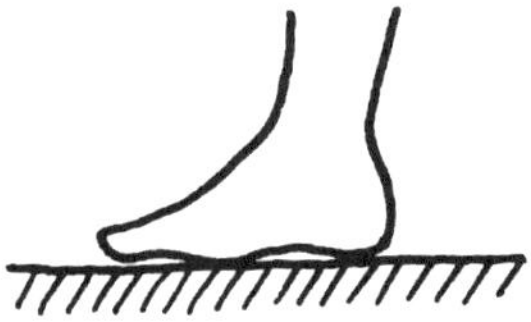

### 腳底會奪走人體熱能

人體大部分都是藉由蒸發、對流、熱輻射散失體溫，但面積小的腳底也會因為熱傳導而散失26%的體溫。

### 地板冰冷會使人體感到壓力

腳底直接接觸冰冷的地板，劇烈的溫度差會使血壓急速升高，很可能因此引起腦中風，萬萬不可輕忽。

## 容易受寒的地方必須提高保溫效果

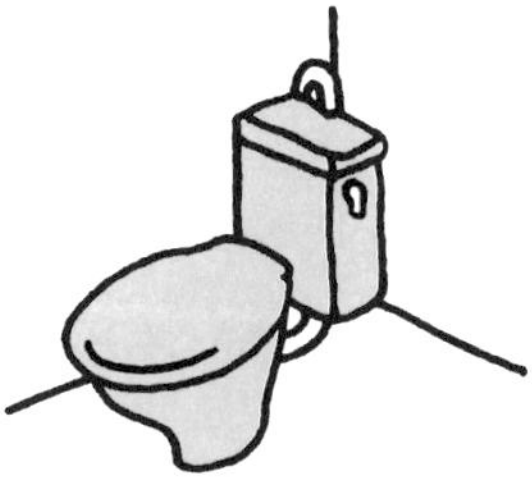

### 廁所

若鋪設樹脂地板，選擇有厚度的樹脂材料才能提高保溫效果。

### 浴室

使用軟木等材質製作具有防水效果的浴室用磁磚，或者選擇浴室暖氣也可以。

### 走廊

走廊的地板溫度容易偏低，若採用有厚度的杉木等原木材質，可稍稍提高保溫效果。

經常接觸的「地板」要選擇何種材質，
出乎意料地重要。

# 「大自然」教你挑選最舒適的顏色

「大自然」是選擇顏色的老師。

內外裝潢挑選顏色的基本原則，可仿效大自然裡的顏色。小草樹木的葉片彩度集中在3.5～6.0。如果建築物外牆選擇相同彩度，那麼在自然環境中會顯得有點突兀。如果彩度能夠壓在1～2左右，就能完美與周遭綠意融合。

據說日本人一般的色彩觀都以折射率50%為基準。這個數字與人類的膚色折射率為50%有很大的關係。而且，和室之所以令人感覺沉穩，就是因為杉木板、榻榻米、灰泥牆等內部裝潢材料的折射率都低於50%。

另外，有東京玄關之稱的東京火車站，外牆使用折射率48%的磚塊，營造出厚重沉穩的氛圍。尤其當夕陽西下時的光線灑落，彩度較低的咖啡紅磚塊，除了不刺眼外還展露更美麗、更有溫度的樣貌。磚塊其實就是土地的顏色、大自然的顏色。

# 適合住宅的「亮度」與「鮮豔度」

**組成顏色的3個要素**

**色相** ……有紅、黃、藍等共10種基本色。

**明度** ……顏色的明亮度。由0～10的數值表示明度，越暗的顏色數值越低，越亮的顏色數值越高。

**彩度** ……顏色的鮮豔度。由0～14的數值表示彩度，白、黑、灰等無彩度的顏色為0。平面廣告、看板等大約高達7～8。

小草樹木的葉片彩度為3.5～6.0，明度約為4～5。
決定建築物內外裝潢的顏色時，以這個數字為基準即可。

## 用數值來看葉片顏色的話會是如何呢？

瞭解大自然的色彩，室內裝潢時就能選擇令人放鬆、安心的顏色。

**轉紅的櫻花葉**

明度4／彩度10

**翠綠的銀杏葉**

明度5／彩度6

**櫸木的樹葉**

明度4／彩度6

## 讓住宅保持舒適的明度與彩度

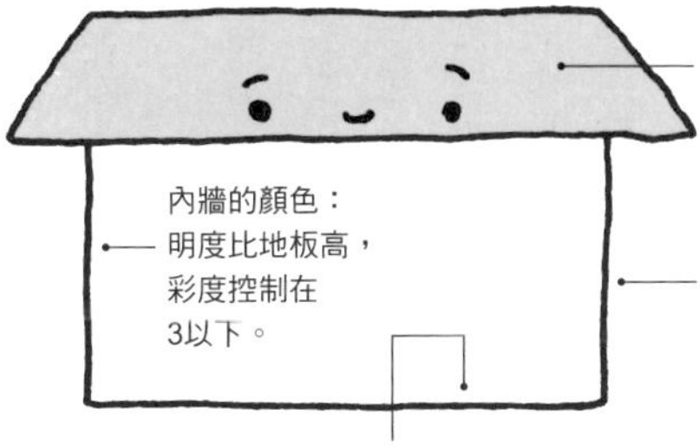

屋頂的顏色：
明度選擇4左右不要太亮的顏色，彩度以1為基準。

內牆的顏色：
明度比地板高，
彩度控制在
3以下。

外牆的顏色：
選擇明度9左右的亮色系，彩度要低於屋頂。

地板的顏色：明度為5，彩度控制在3以下。使用比內牆稍微深一點的顏色，就能營造有安全感的空間。

# 室內裝潢材質與光線之間的良好關係

材質不同，光線的折射率也不同。
折射率高的材質較硬，會使人感覺刺眼，必須注意使用的比例。

## 材質不同反光率也不同

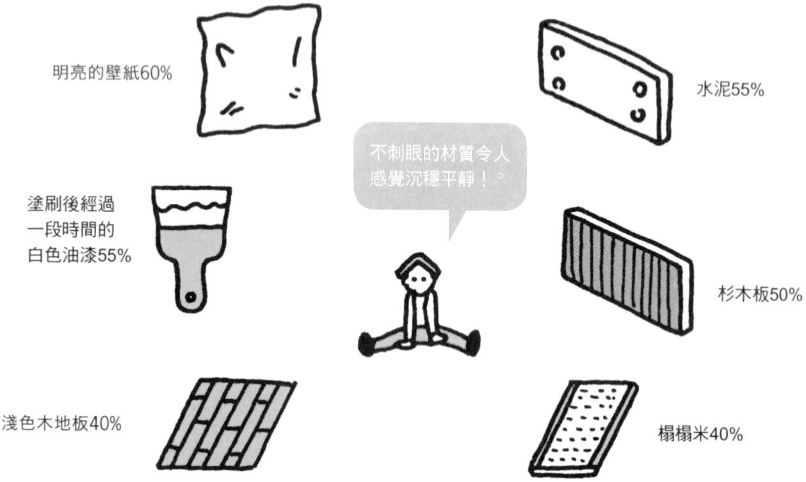


日本人的平均膚色折射率約在50%左右。和室之所以令人感覺沉穩，就是因為使用的材料折射率都在50%以下。

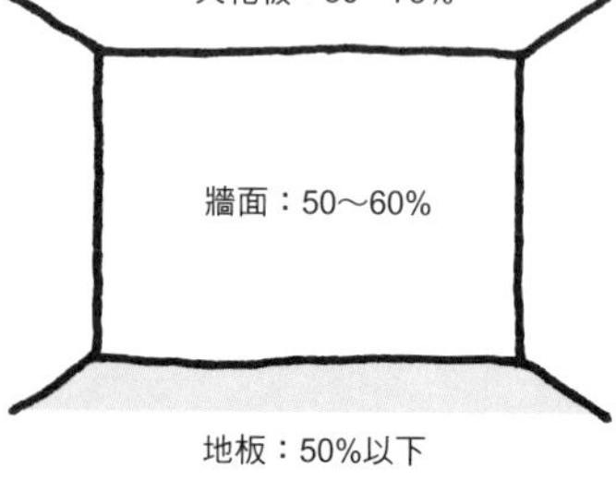


## 室內裝潢材質的折射率以50%為基準

整體皆選擇折射率高的材質，整個空間會令人感到緊張。以視線接觸面積最大的牆面為基準，地板選擇折射率較低的材質，就能打造沉穩舒適的房間。

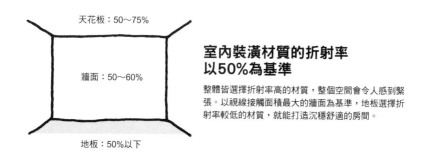

# 運用顏色的4個關鍵

為了打造沉穩舒適的空間，選擇色彩有其準則。

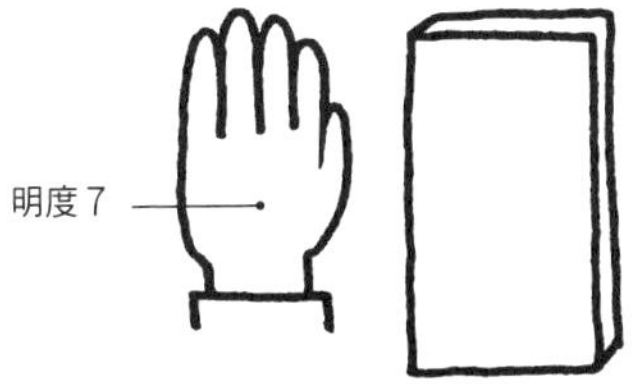


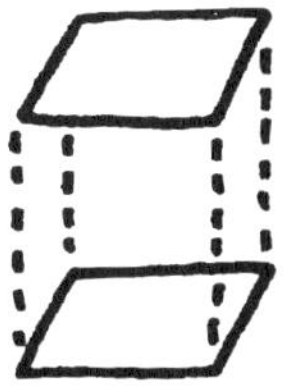

### 彩度明度以手背為基準

牆面、地面、家具等顏色若比手背的顏色亮，可能會有損舒適度，需要特別留意。

### 天花板基本上採用白色

天花板若是白色，看起來會比實際高度多10cm；天花板若為黑色，看起來會矮10cm。狹窄的房間若使用白色系，可以讓空間看起來比較寬敞。

### 地板的顏色需比牆面深

地板材質與牆面若為同色系，地板顏色比牆面深一點就能營造安全感。

### 如何選擇桌面的顏色？

若選擇比皮膚亮的黃色、粉色、深咖啡色或白色等明度對比高的顏色，容易視覺疲勞有損舒適度。選擇與肌膚相似的明亮度，無論是讀書還是工作都較能集中精神。

**不知如何選擇顏色時，**
**請參考大自然中的色彩。**

# 「留白」能打造寬敞的空間感

有沒有一小塊「不具特殊功能的空間」？

「造一處無所為之地，觀之有趣、備之有益。」這是《徒然草》中的一段文字。意指「造屋時應該保留一個沒有特殊用處的空間。外觀有趣同時也有許多妙用。」考量隔間時，往往會想要避免浪費空間而讓每個空間都具有一定功能。然而，這樣的家缺乏層次感，令人感覺隨處可見又無趣。

倘若能在功能性明確的區塊與區塊之間，設置一小區「不具特殊功能的空間」，各區塊之間的界線會稍微變得模糊，成為能夠呼吸的空間。也就是說，空間會產生「留白」。留白會令人感覺到視線的落差與空間延伸。除此之外，若能把階梯放寬一點，不僅視覺上有餘裕，也能裝飾喜歡的物品、或者在階梯上稍坐一下。像這樣的空間，也是一種「留白」。

或許「不具特殊功能的空間」反而是豐富生活的關鍵。

# (全世界都有「留白」的概念嗎？)

「留白」是日本人特有的空間・時間概念。

## 西方人與日本之間的差異

西方人
- 時間 time, pause
- 空間 space, room

日本人
- 挪出「空間」space
- 趕上「時間」time

無論哪一個都是以「間」表示

「間」這個字對日本人而言，同時表示「時間」與「空間」的概念。也就是以四次元的角度來看，日本文化很重視空間、時間上餘裕與留白。然而，用「間」這個單字查詢英文解釋，會發現分成「時間」與「空間」兩個範疇。

## 從繪畫上展現日本人喜歡「留白」的美感

**西方繪畫** 畫面中的每個角落都畫滿。

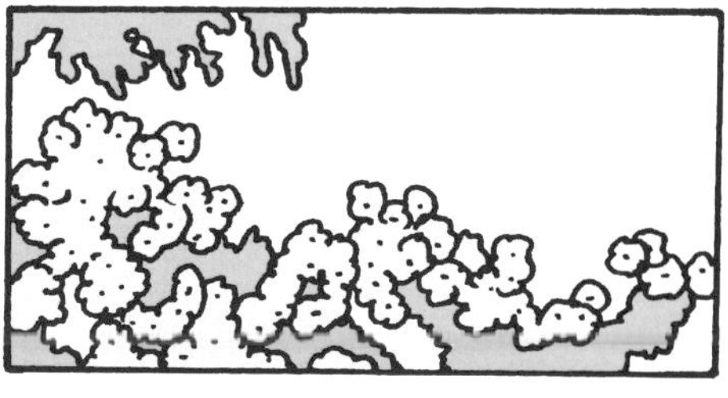

**日本繪畫** 用最小限度的線條描繪，運用留白展現空間感。

# 傳統住宅能感覺「留白」的場所

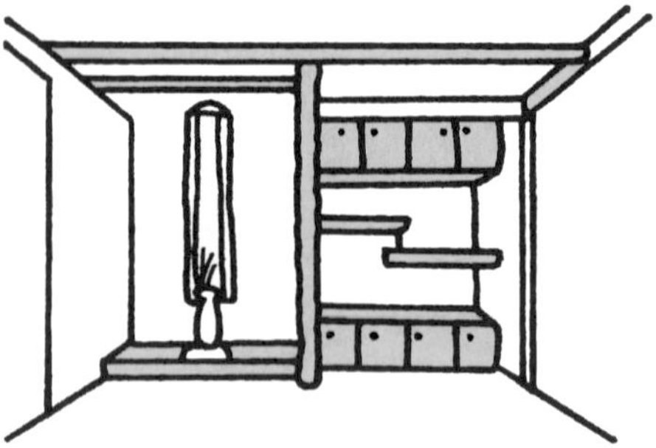

## 壁龕

出現於室町時代的武家建築「書院造」為壁龕的起源，是拿來掛畫軸或插花的展示空間。雖然壁龕只能拿來放裝飾品，或許是一種浪費，但卻也是建築物中用來接受「裝飾美麗事物」的心情與行為，是非常珍貴的留白。

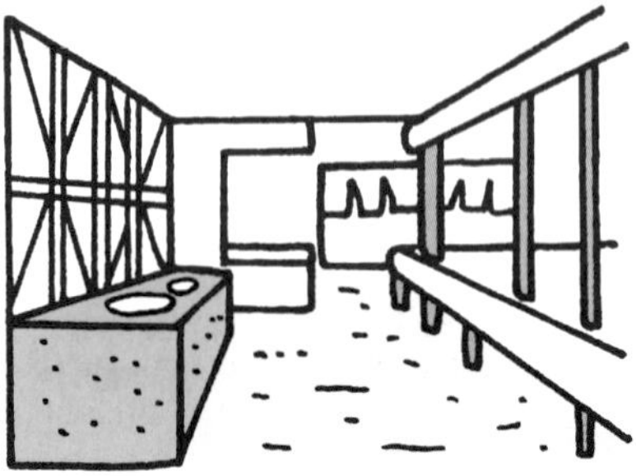

## 土間

在老宅中，土間是料理與整理農作物不可或缺的場所。在現代仍然是連接室內與室外的空間，保養愛好的戶外用產品、或者結束園藝工作時能穿著鞋子踏進室內等，可以發展出許多使用方法。

## 中庭

京都的老宅裡通常都有中庭，被戲稱為鰻魚坑的細長型住宅中，中庭有引進光線與通風的絕佳功能。而且，運用草木等植物造景，就能將大自然的美與季節更迭的樣貌視覺化。

# 現代住宅也需要「留白」

## 露台

露台是室內空間的延伸也是庭院的一部分，相似於簷廊與土間有許多運用的方式。不僅讓生活更有活力，又能創造開闊而饒富趣味的空間，是住宅中很值得保留的空間之一。

## 中庭

就算建地狹小也不能讓住宅整體過度重視功能性，犧牲一點房間的面積設置中庭，會讓整體空間顯得更有餘裕。有了中庭，居住者可以輕鬆地走到戶外吹吹風，種一些植物也能讓視覺有所享受……

## 嵌入式展示櫃

毫無表情、冰冷的牆面上，只要設一個淺淺的展示櫃就能令人萌生享受裝飾住宅的樂趣與玩心，成為家人的快樂園地。若有吸引視線的焦點，就能營造深遠的空間感。

## 挑高

2樓的地板不做滿，什麼都沒有的挑高「空間」讓1樓的房間顯得寬廣、開闊，裝設對流窗引入光線、可以和2樓的家人聊天等，是個好處多多的「空間」。

住宅中保留灰色地帶非常重要。
可藉由留白使住宅整體游刃有餘而且更加舒適。

# 在設計中加入非日常的元素

正因為重視
每天的生活，
才會催生非日常的活動

參加節日活動或慶典，是否會感覺活力充沛呢？我想答案是肯定的。日本的傳統活動，本來就是為了給予人們力量而設。自古以來，就有「喜慶」與「俗日」的觀念，必須穿禮服的「喜慶」之日表示一年之中的節日與慶典等非日常的日子，而「俗日」則是指工作等日常活動。日本建築當中，一直以來都藉由擺放節慶用品、或者在壁龕掛畫軸、插花等裝飾，創造非日常的空間。

現代的生活型態越來越多元，「裝飾文化」日漸沉寂。然而，若能在住宅中展現為生活帶來滋潤與樂趣、感受心靈的非日常元素，一定能夠令人每天都神采奕奕。

藉由採光方式或選擇顏色、材料質感、照明手法等打造令人印象深刻的空間，就能稍稍帶來非日常的感覺。就算只是設置能插上野花的壁龕或者層架，也能成為注重室內裝飾的契機，因此我建議不妨嘗試看看。

# （什麼時候才算是非日常？）

## 因為有日常生活（俗日），才有非日常活動（喜慶）。

每天都有慶典的話反而會令人疲累，所以平淡的日常生活也非常重要。正因為有不同的層次感，喜慶之日才會更令人興奮。

## 令人怦然心動的時刻，就是「非日常」。

任誰都會追求令人雀躍的時刻。像是傳統節慶或休閒活動等「有異於日常生活的事情」會帶給人心情上的精神刺激，令人充滿期待。

四季節慶

去飯店用餐

烤肉

家族旅行

能不能把非日常的興奮感融入住宅中呢？

# （關鍵在於「變化」）

能在住宅中打造獨特或可裝飾、可感受大自然變化的空間，
就能為生活帶來新鮮感（非日常）。

### 和室→正因為空間狹窄才更要保留壁龕

狹窄的房間反而要犧牲收納打造壁龕。藉由更換藝術品或花朵，就能產生不同的變化。

### 玄關．用水空間→擷取室外綠意

種植在室外的綠色植栽，每個季節都會展現不同面貌，能夠帶給居住者滋潤。尤其是如果能在盥洗室或浴室享受這份綠意，更會令人身心舒暢。

### 客廳→改變部分牆面或角落的顏色

部分室內裝潢選用彩度高的顏色，有集中視線的功能。不僅讓空間更有層次感，也因為營造出特別氛圍而展現非日常的樣貌。

## 出奇不意的光線

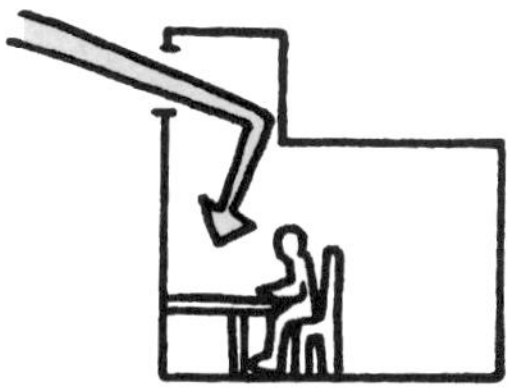

這是從對流窗引入的光線再透過牆面折射，讓人只感覺到亮度的手法。因為窗戶不在視線範圍內，所以會有出奇不意的感覺。

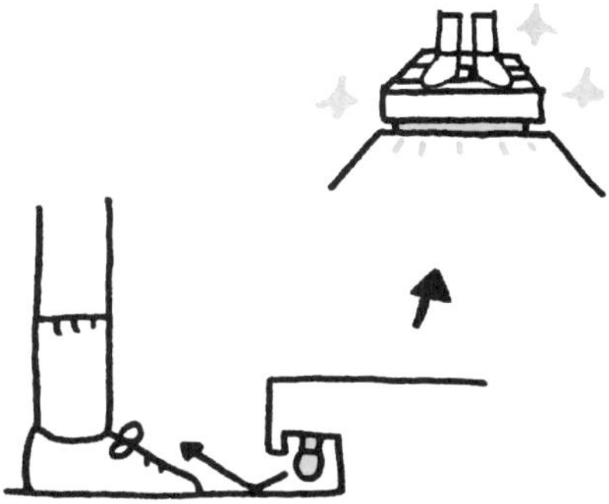

在玄關框下裝設間接照明。這種方法不會直接看見光源，但可感覺到光線。照亮腳邊也是令人出奇不意的好想法。

## 採用特殊而有存在感的建材

使用磁磚或金屬、天然石材、有色玻璃、表面凹凸不平使光線搖曳的玻璃等吸引目光的材質。尤其用在想吸引視線的地方，效果非常好。

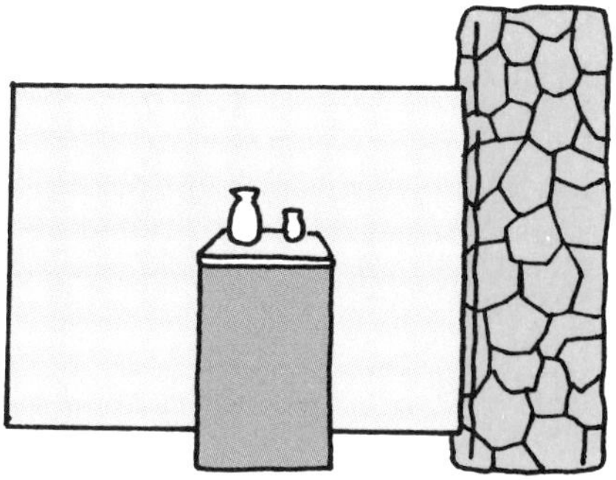

在材料或光、風景上加以「變化」，
就能為日常生活帶來新鮮感受。

# 千元日幣紙鈔就是住宅的基本計算法

隱藏在尺寸當中，淺意識裡的規則。

日本的住宅使用傳統的「尺貫法」。表示住宅規模的單位，在房屋仲介的資訊裡經常可見「坪數」1坪等於6尺×6尺，剛好是2張榻榻米。「尺」從字形上就很容易可以想像，以前是大拇指到食指之間的長度（約15㎝，是現在1尺＝30㎝的半數），人的身高大約是這個長度的10倍。若瞭解「尺貫法」本來就是依照人的身高訂定，那麼1張榻榻米的大小剛好可以容納1個人躺平其實理所當然。

像是凸窗的深度45㎝、廚房深度60㎝等，實際測量家中的尺寸之後就會發現很多都是15的倍數，就連建材都是以此為基準決定尺寸。造屋時如果無法決定尺寸，把15㎝當作基準會非常方便。順帶一提，日本千元紙鈔的長度也是15㎝。雖然不知道為何採用這個尺寸，但毫無疑問地這個尺寸符合人體工學容易操作。

# 千元紙鈔、手指間距、榻榻米皆以「15」為基準

## 兩個都是15cm

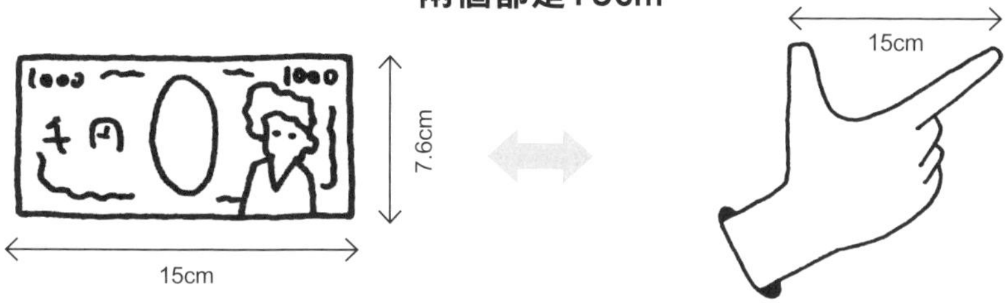


張開大拇指與食指時，兩指間的距離大約是5寸（15cm），
千元紙鈔的長邊也是15cm。

## 「疊」、「間」、「坪」等單位都是15的倍數

1坪等於2張塌塌米（2疊）

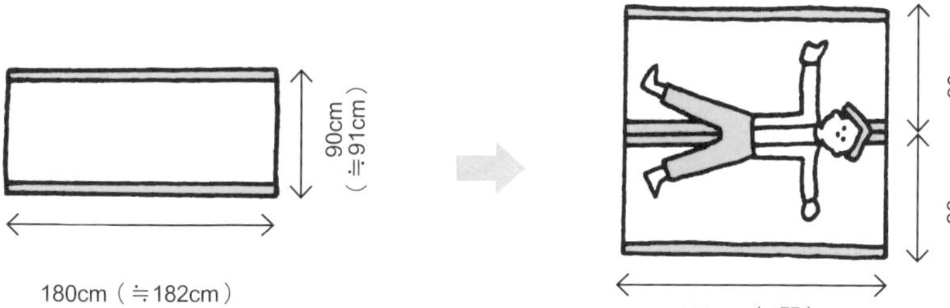


180cm（≒182cm）

15cm×6倍＝90cm
90cm×2倍＝180cm

180cm（1間）

人可以躺成大字形睡覺的空間為5尺×5尺，1尺＝約30cm。
周圍各加1尺的餘裕就是「6尺×6尺＝1坪」。

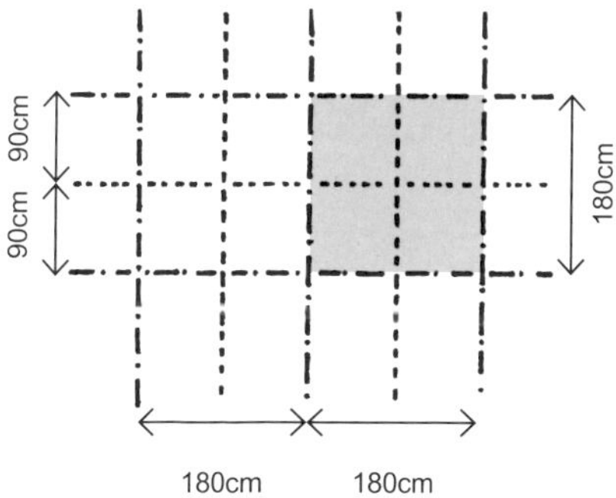


## 以2張榻榻米（180cm×180cm＝1坪）作為隔間的基準

180cm等於1間。1間×1間＝1坪。在草稿上畫出1坪的方格，有助於思考隔間配置。如果再加上90cm的線條，就能更仔細思考空間配置。

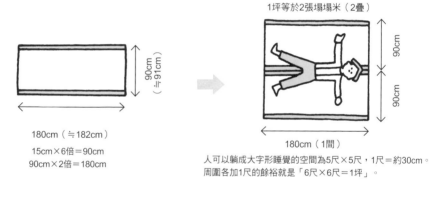

## （無論住宅或手指間距都符合15的倍數）

### 千元紙鈔與手指間距的最小單位「咫」皆為15cm

18張千元紙鈔＝270cm …… 最理想的廚房寬度

16張千元紙鈔＝240cm …… 一般的天花板高度

14張千元紙鈔＝210cm …… 建築基準法中規定客廳的最小天花板高度

12張千元紙鈔＝180cm …… 「1坪」的長寬

### 日本女性的平均身材也可用千元紙鈔表示

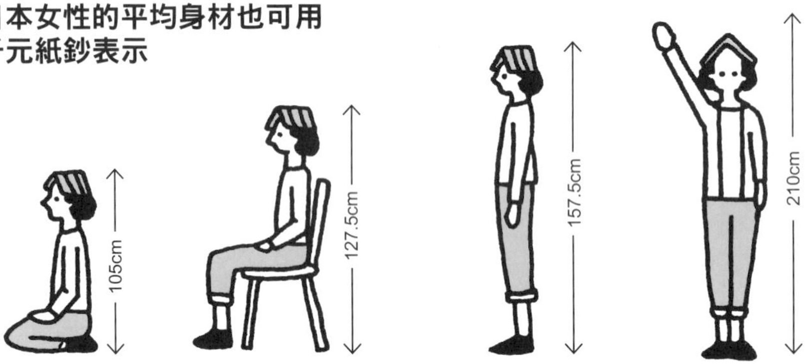


7張千元紙鈔

8.5張千元紙鈔

10.5張千元紙鈔
及腰的高度約為
6張千元紙鈔

14張千元紙鈔

### 順帶一提……

**萬元紙鈔的大小為……**

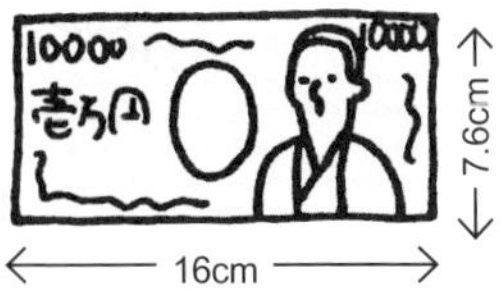


萬元紙鈔比千元紙鈔長1cm

**5千元紙鈔的大小為……**

5千元紙鈔比千元紙鈔長6mm

# 測量看看周遭物品的尺寸吧！

## 以15cm為基準思考裝潢規格

備用的洗髮精或清潔劑、化妝水的瓶罐等小物，只要有15cm的深度就能清爽收納。

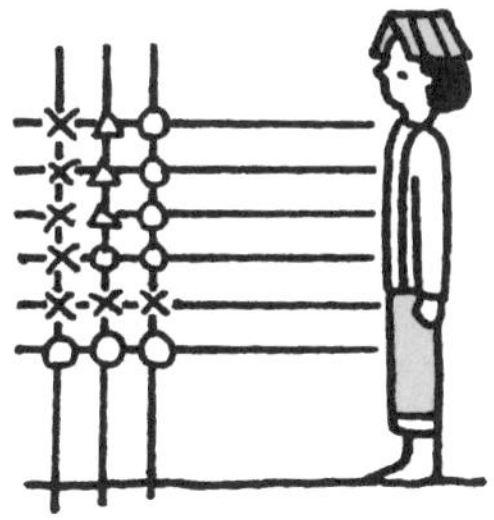


考量容易操作的範圍時，以15cm為基礎刻度。

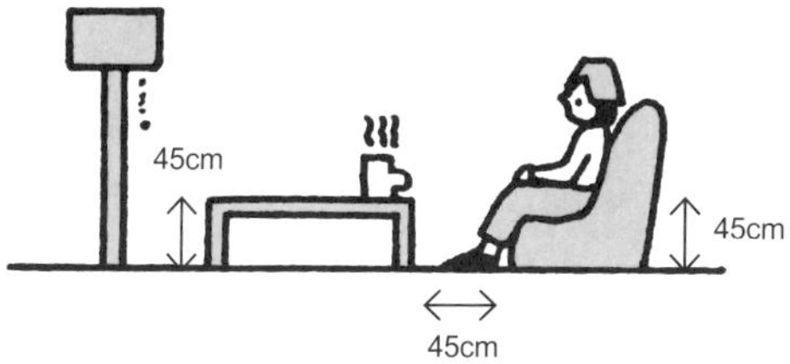


客廳沙發的椅腳高度、茶几的高度皆為45cm。沙發與茶几之間的距離大約為45cm會比較方便使用。

## 都市也是從身邊物品的尺寸延伸而成

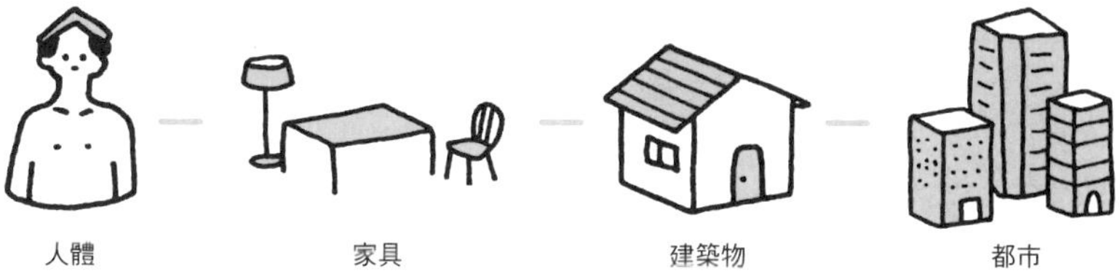


周遭的家具與住宅當然必須以人體尺寸為基準，巨大的建築物與其建築物所形成的城市因為不符合人體規格，所以不可能存在。人的身體感覺才是所有尺寸的基準。

# 試著用榻榻米來預想面積大小

光看空間規劃圖很難想像實際大小，
但若以榻榻米的大小來思考就會比較好懂。
以下介紹一般的空間大小。

壁櫥
1疊

廁所
1疊

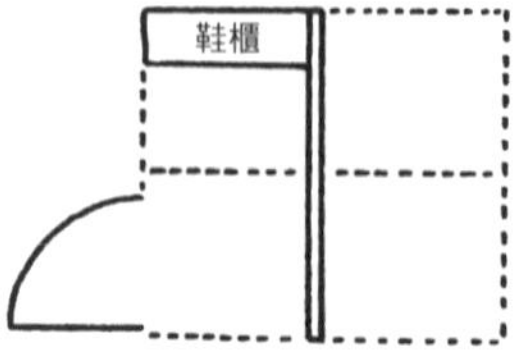


玄關
2疊

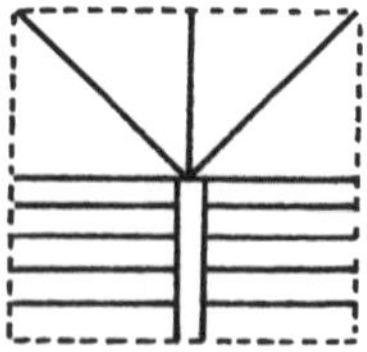

樓梯
2疊

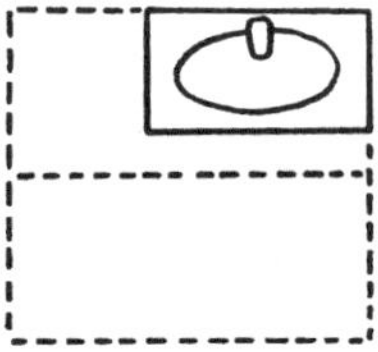

盥洗更衣室
2疊

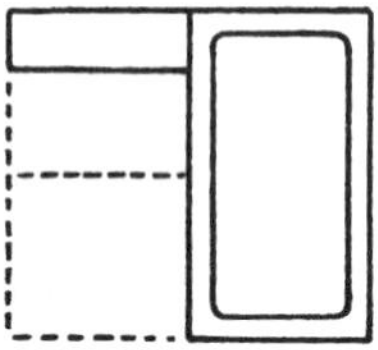

浴室
2疊

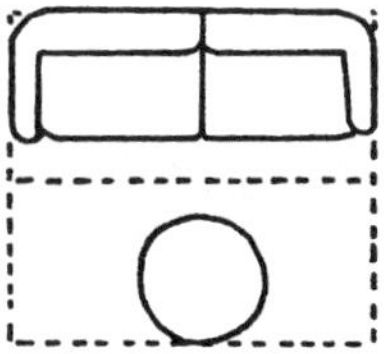

客廳、沙發
與茶几
2疊

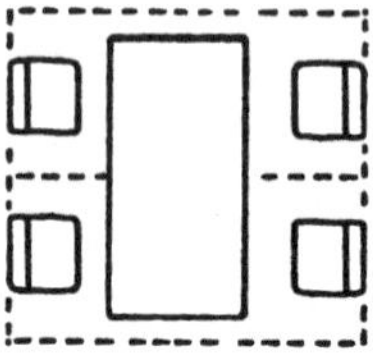

餐廳、餐桌
與餐椅
2疊

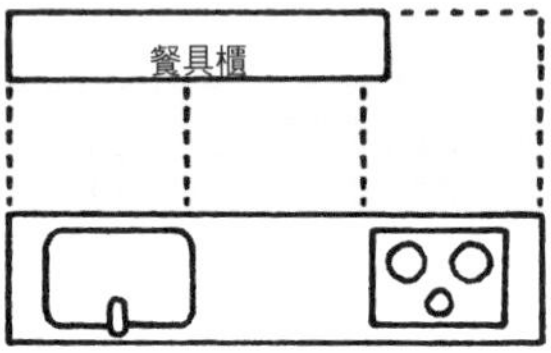


廚房與餐具櫃
3疊

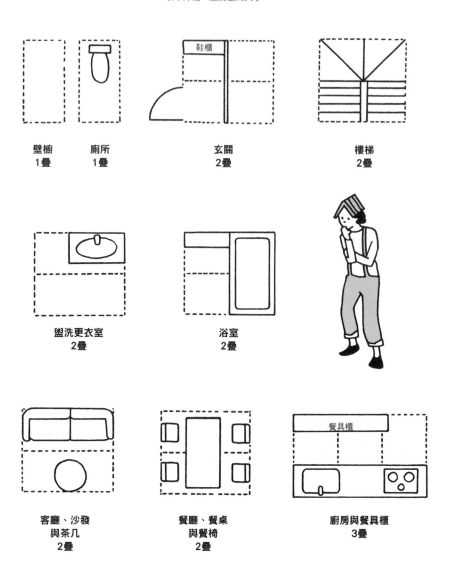

## 試著掌握空間規劃圖的大小吧！

試著以32坪（4間×4間）為基準，分配一家四口必備的空間。4間×4間＝16坪＝32疊就是一層樓的大小。撇除玄關與浴室等空間的一般尺寸後，家人可以使用的面積（LDK、寢室等）為24疊。

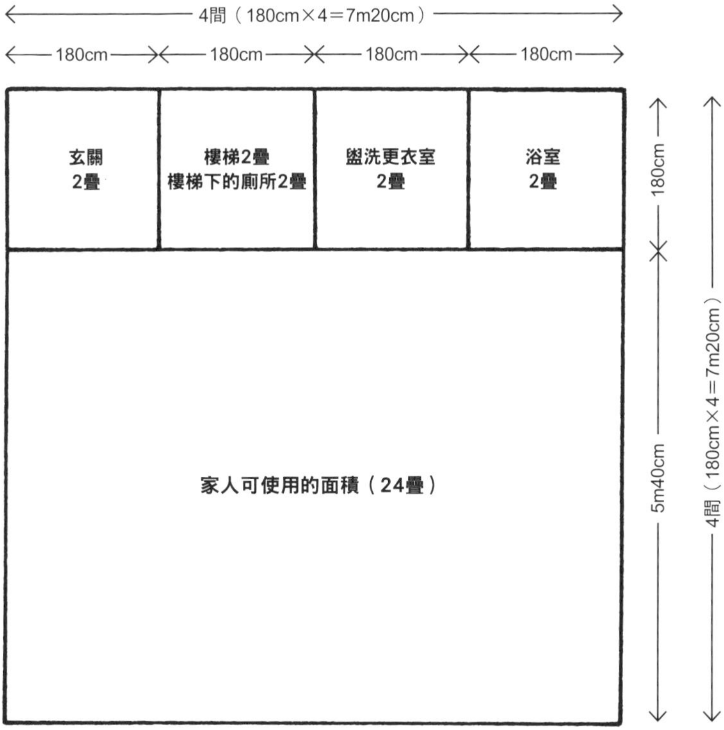


若能以感覺掌握基準尺寸，
就會比較容易從設計圖上預想實際大小，
也能輕鬆整理想法。

# 思考適合家人生活型態的配置

打造令人長久喜愛的住宅

# 打造一個讓人想回家的玄關

讓人放鬆
身心的好地方。

我認為有許多玄關都只剩下「脫鞋區」的功能，變成一個非常無趣的空間。尤其是地板面積有限的狀況下，通常會想盡量讓客廳大一點，因此削減其他空間的大小。然而，我認為玄關是連結住宅室內外的界線，必須慎重待之。

設置裝飾空間、在設計或照明上多花巧思打造高質感的空間，會讓來訪者有更好的印象，而且家人出門或回家時也會帶來好的心理影響。這就像好飯店與好旅館通常都有令人放鬆身心的大廳，我希望能把玄關打造成讓人回家打開大門就會由衷的發出「這個家真好！」的感嘆。

隔著一扇門就直接連結道路的玄關毫無餘裕，因此我不建議這麼做。道路與玄關之間要保留喘息的餘地，對轉換情緒而言非常重要。不需要做到像豪宅那樣有騎樓，即便是狹窄的土地，也能藉由建築物配置與設矮牆等設計上的方法來克服。除此之外，玄關若能有些許綠意會更好。

# 再度思考玄關的功能……

## 連接室內與室外

玄關是連接室內外的空間，能讓人心平氣和的樣貌與氛圍非常重要。

## 拖鞋、接待客人的地方

玄關必須令人游刃有餘地脫換鞋子，並且具有收納鞋子、外套、雨傘等物品的空間。除此之外，玄關也是接待客人的地方。若空間夠大就能夠當作土間使用，具有多重功能。

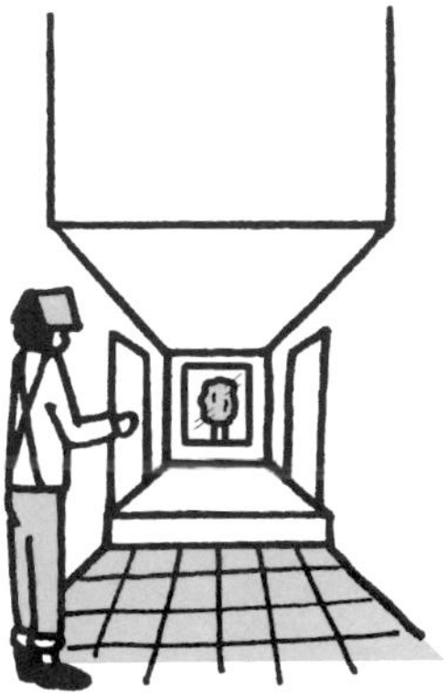

## 決定住宅第一印象的場所

玄關也是展示場所之一，讓日常進出顯得具有浪漫情懷。因為與其他空間有所區隔，可採用高獨立性的設計。如果能有令人轉換心情的設施更佳。

# 從室外引導區開始，就令人有好心情

從道路引導至玄關（門徑）這段路上，若能仔細設計就能令人有好印象。
就算建地狹小沒有太多空間，也能憑藉巧思打造好氣氛。

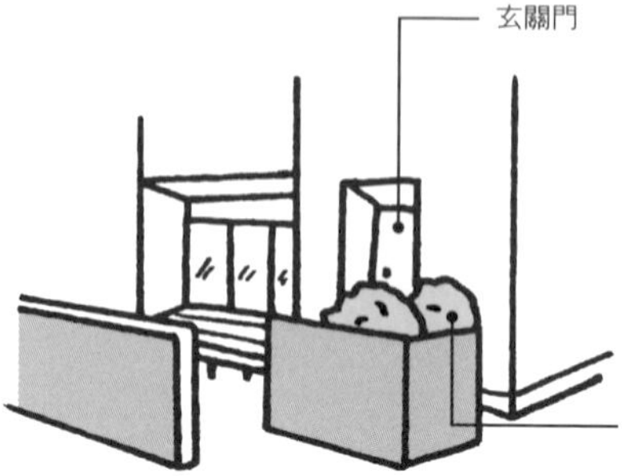
種植栽也能為城鎮貢獻綠色景觀


## 兼具庭院與門徑功能

將整體建地視為一個建築物，使庭院與門徑之設計合而為一。即便建地狹窄，採用這種手法就能令人感到空間上的餘裕。

## 改變視線方向，以牆面引導人進入內部

短小的門徑也能中途改變行進方向。藉由拉長行走距離，營造深遠感。

柔和地區隔道路


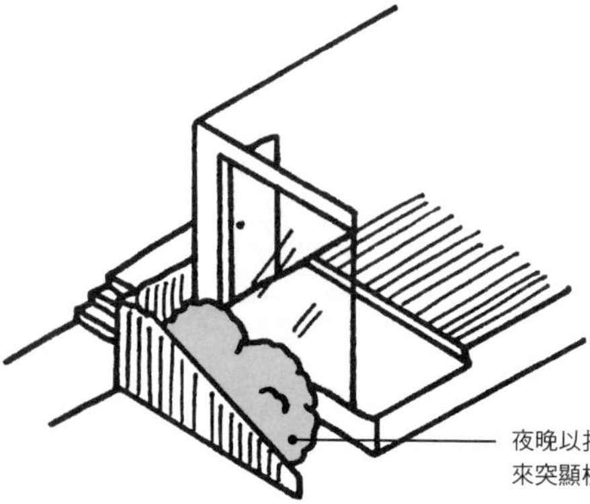
夜晚以打燈等方式
來突顯植栽


## 空間寬廣雖令人感覺沉穩，但也需要不同效果同時並存

以玻璃材質打造玄關牆面，有連結室外、延伸空間的效果。以百葉結構與植栽柔和地遮蔽外界視線，既能獲得開闊感又能保護隱私。

# 讓玄關獨具魅力的小秘訣

打造令人放鬆的玄關，關鍵在於收納與照明。

## 明亮而令人安心，能感受家庭溫暖的燈光

從窗戶透出的燈光，象徵著等待你的家人。燈光能營造回家的喜悅與家人迎接自己的安全感。

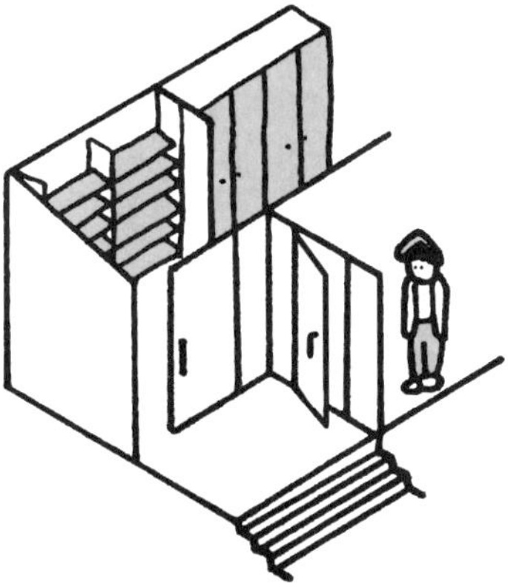

## 玄關是最容易雜亂的地方，需要打造隱藏式大型收納空間

在玄關旁設置衣帽間，準備收納鞋子、上衣等物品的空間。若家人能在衣帽間裡穿脫鞋，玄關就能一直保持整潔。

**功能固然重要，**
**但能夠轉換心情的餘裕亦不可輕忽**

# 客廳必須具有連結其他空間的向心性

不靠物品而是靠接觸來凝聚人心。

生活變得非常方便的現代社會中，一定程度的生活機能可以被外界取代，像是三餐可以在餐廳解決、想泡澡可以去大型公眾澡堂。然而，還是有無可取代的東西，那就是「團圓」。團圓是創造家人之間羈絆的複合行為，並非外在事物能夠取代。因此，打造住宅剛開始最需要考量的就是家人團聚的型態，接著再思考與其他房間的關聯，打造有向心性的空間才是關鍵。

大家對於「客廳」的印象，大概是位於住宅南側空間最寬廣的房間，裡面有大型電視和沙發……。首先，請先拋棄這些既有的形象吧！接著，請回想家人實際能夠放鬆的方式與時間。那是什麼樣的景象呢？客廳是不是變成單純的「電視房」了呢？家人彼此都很忙碌，但客廳卻是能舒適、長久一起享受團聚時光的空間。從這一點出發，相信一定能看到某些重要的關鍵。

# 客廳變成這樣真的好嗎？

現在你家的客廳狀態如何呢？
是能夠凝聚家人的空間嗎？

## 客廳是電視房？

以電視為中心配置沙發，客廳是否變成看電視用的空間了呢？這樣的空間要是少了電視，會令人感覺冷清。一天到晚開著電視，是不是又會變得難以與家人對話呢？

## 客廳是家人共用的收納空間？

家人共用的東西都聚集在一起，是否常常會變得亂七八糟呢？應該有不少住宅因為雜物變多收納家具也增加，使室內裝潢完全沒有整體感，變成令人心煩意亂的空間。

# 安排吸引家人團聚的小機關

客廳的舒適度固然重要，但放上一張可使用電腦或寫作業的桌子，使家人必須出現在這個區域也是一種好方法；喜歡做菜或享用美食的家庭可以採用餐廳＝客廳的模式等，藉由各種方法自由發揮想像創造獨具風格的客廳吧！

## 共用的桌面

家人共用桌面放在客廳，就能在讀書或用電腦狀況下與家人待在一起。

## 打造充滿玩心的空間

如果打造一個以爬梯連接的閣樓收納，就能成為孩子玩樂的小天地。

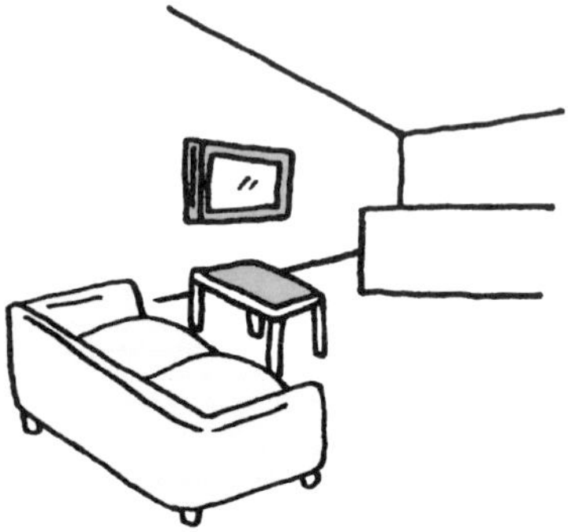

## 降低電視的存在感

電視會剝奪對話的機會，所以把電視放在客廳與廚房之間，不讓家人正對電視而坐。如果電視角度能夠依照需求改變，想專心看電視的時候就會比較方便。

## 以廚房為中心

喜歡做菜的人可以打造以餐廳為主角的客廳。如此一來，客廳就會成為做菜時家人也能聚在一起的歡樂空間。

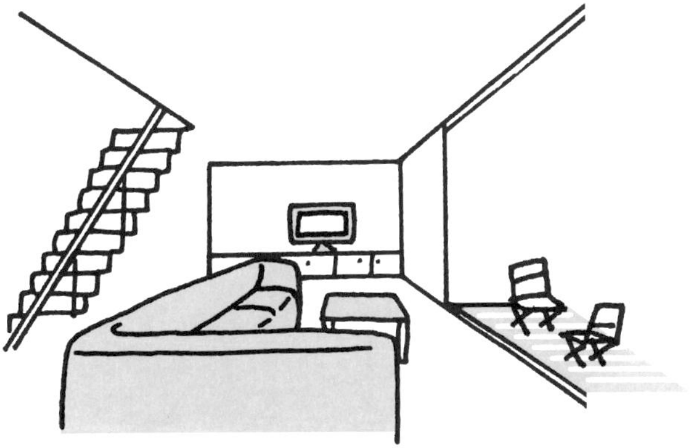

## 與陽台相連的客廳

使陽台的地板高度與室內等高，可便於進出。開口高度拉高至天花板，強調室外的延伸感。沙發不面向電視，而是面向陽台（庭院）。如此一來，就能一邊感受四季變化一邊享受與家人間的對話。

不必侷限於既有印象，
試著尋找符合自己家庭的風格吧！

# 廚房是住宅空間裡的全向十字路口

不管是料理的空間、或是家族聚集的空間無論作為哪一種用途都是一個決定勝負的場所。

現在的廚房除了本來「準備三餐」的功能以外，還必須加上「溝通」的功能，漸漸開始扮演住宅核心的角色。某種意義上，廚房也是住宅的展示廳，如果單憑憧憬或外觀精美而選擇，可能會有損原本必須具備的功能性、或者變成令人無法安心的空間。

為了避免這種局面，最重要的就是明確描繪出廚房本身需要什麼，再決定配置規劃與廚房的輪廓。譬如會不會有很多人一起做菜？招待客人的時候想不想被人看到廚房？收拾碗盤的工作是誰在做？如何進行？諸如此類的事情或許先整理過一次會比較好。

接著，廚房內的機械當然要便於使用，為了提高作業效率，必須重複確認詳細尺寸。走一步就能碰到的範圍，是不是要拉長到一步半？這些細節都會影響到動作的流暢性。

# 不要事後才覺得「完蛋了！」

為了避免施工結束才後悔，先在這裡確認常常出現的失敗案例吧！

## 本來想遮住手邊的動作 沒想到卻成了聊天的障礙

如果有一道牆，就能把廚房隱藏起來，但是牆面太高反而會切斷與餐廳的整體感。

## 從流理台 到餐具櫃的旅程

廚房工作區到背面的餐具櫃如果距離太遠，會降低作業效率。距離大約在90cm左右最便於使用。

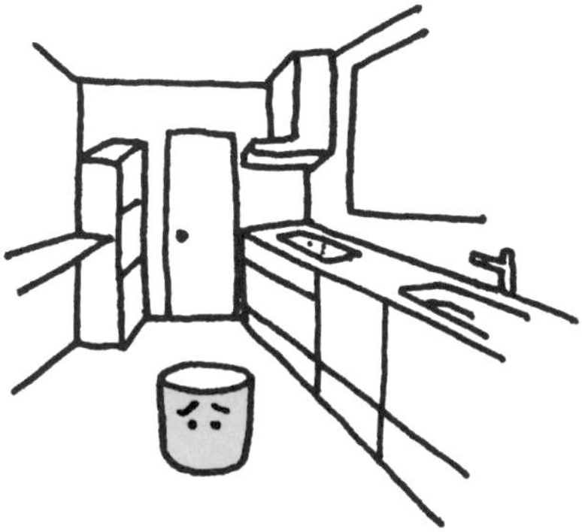

## 尺寸太剛好 就是失敗的源頭

必須事前瞭解，如果冰箱和牆壁靠得太近，會導致冰箱門無法完全打開。另外，如果設計完全沒有保留伸縮空間，汰舊換新時能選擇的機種會有所限制。

## 搶椅子遊戲 每次都是垃圾桶輸

廚房會產生的垃圾需要分類，所以往往會使用多個垃圾桶。垃圾桶總是比預料的還佔空間，如果放在外面會影響動線，最好一開始就計畫好位置。

# 了解廚房的基本尺寸

廚房的一般尺寸大概都相同。如果能有相關知識，
考量隔間時會很有幫助，也能降低失敗的風險。

## 廚房相關的尺寸

流理台的高度，必須配合主要使用者的身高。大概以「身高÷2+5cm」為基準考量即可。流理台與放在背後的家具和冰箱之間的距離，依照單人或多人的使用需求進行不同調整。

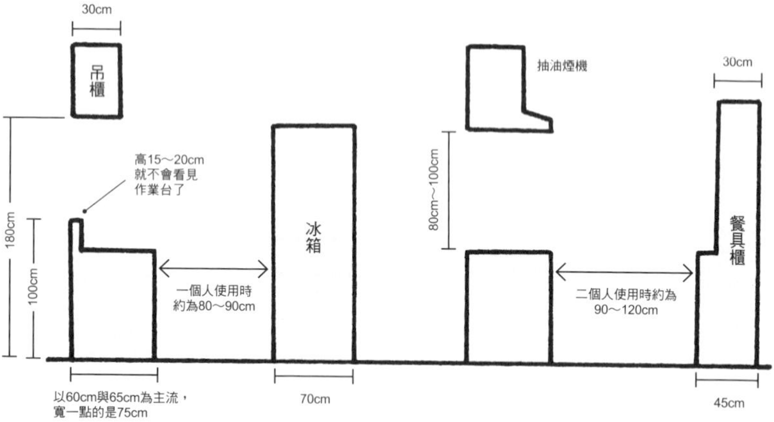


## 理想的廚房尺寸

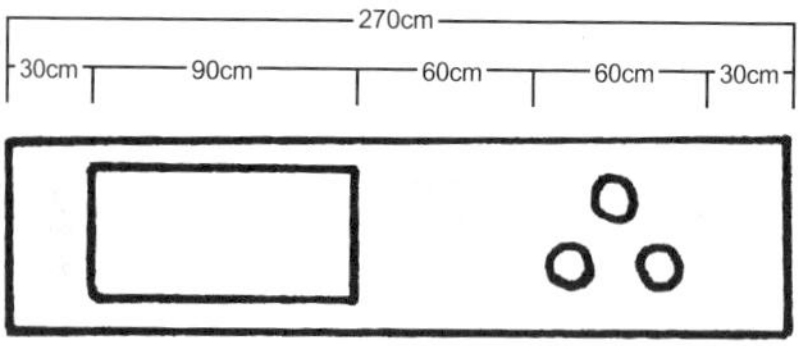


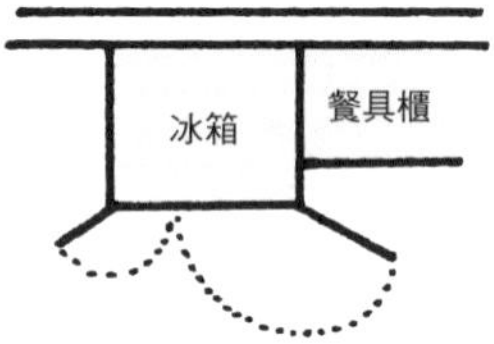


如果有多個作業空間，就會很方便使用。決定要訂做廚房的話，可以把垃圾桶規劃在流理台下方。

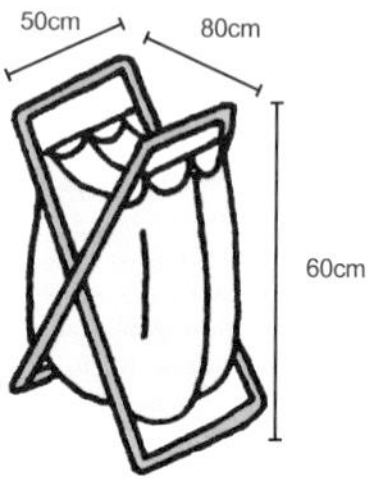


## 冰箱的位置

想讓冰箱門徹底敞開的話，其中一面必須與牆壁保留一段距離。深度比冰箱淺的餐具櫃等家具擺在旁邊，不會阻礙開門的動線。

# 保留充分寬度很重要！

根據能保留的寬度不同，廚房的配置也會有所改變。
要選擇配合理想廚房而保留寬度，還是在有限的寬度中選擇可能配置的廚房呢？

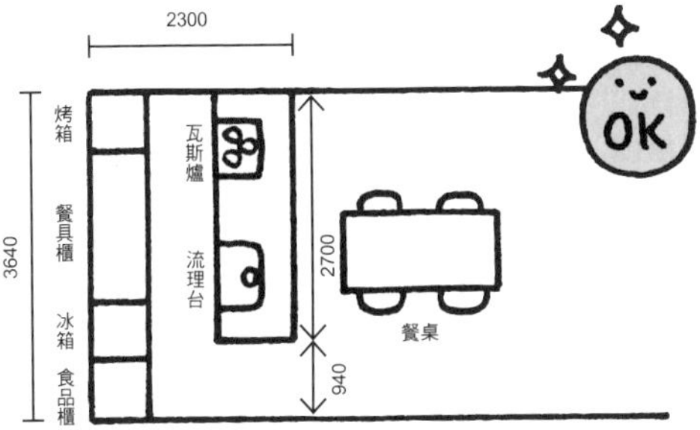


## 以一般的尺寸而言，需要多少寬度呢？

要能夠收納所有必需品，不會令人感覺空間不足的廚房，寬度必須要有2間（3640mm）。上圖的範例是廚房料理區靠在其中一面牆上，與餐桌相對的形式。

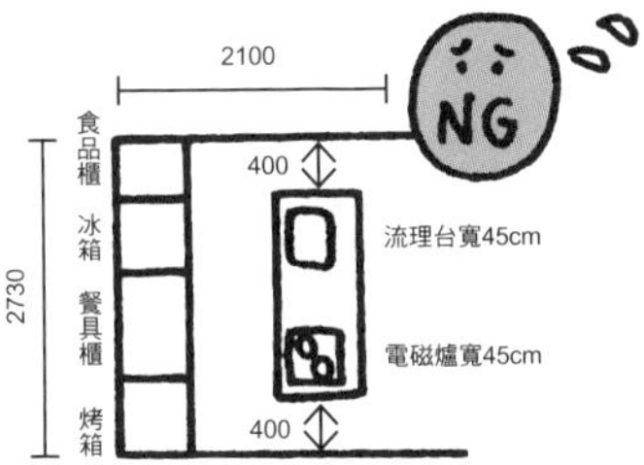


## 寬度太窄，不能做成中島式廚房？

如果寬度只有1.5間（2730mm），做成中島式廚房的話，兩側只剩40cm的空間，無法讓人通過所以沒辦法實現。就算要靠在其中一邊的牆面，也還是只能採用小型的中島。

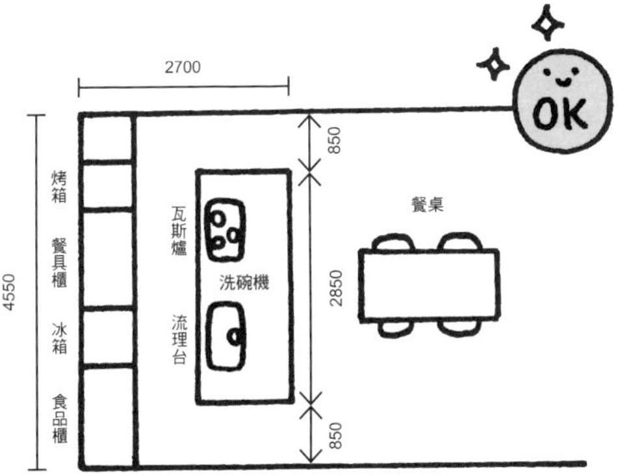


## 理想的開放式廚房需要多少寬度？

若是想要打造有中島的開放式廚房，最好有2.5間（4550mm）的寬度。從中島的兩端都能進出，不僅便於作業，多人一起做菜時也比較方便使用。

**只要用心不浪費每一寸空間，**
**就能打造方便使用的好廚房。**

# 用水空間更要講究舒適度

正因為是小空間，清爽潔淨更加重要。

一般而言，通常都會為餐廳與客廳等家人聚集的場所保留較寬廣的空間，相對地往往就會把浴室、盥洗更衣室、廁所等衛浴空間縮減到最小。這些空間通常都被規劃在北側日照不佳的位置，而且和其他的場所相比，設備機械占掉大部分的面積，很容易就會變成冰冷的單調空間……。正因為如此，才更要用心打造出舒適的衛浴。

浴室是放鬆、療癒自己的場所。因此，不要只是把一體成形的浴室塞進設計圖就了事，我希望設計時能夠多下一點功夫。譬如下半部可以使用半個一體成形浴室，但上半段貼上喜歡的磁磚、在牆面和天花板兩處都裝上照明、窗外種綠色植栽並打燈，就能變成令人放鬆身心的空間。盥洗室和浴室如果能令人感覺清爽舒適，無論入浴還是穿衣打扮，這些每天必須不斷重複的行為，即便是一小段時光也會成為快樂的泉源，提升整體生活品質。

# 向飯店的衛浴設備學習

飯店的衛浴設備之所以令人感覺身心舒暢，是因為其中暗藏許多機關。
根據每個住宅的條件不同，能實現的內容也會有所改變，但只要抓住重點還是能夠學到不少東西。

## 飯店的衛浴

- 設計有統一性，非常清爽。
- 常使用玻璃材質，令人感覺明亮寬敞。
- 沉穩的照明，讓心靈也跟著沉澱。

## 一般家庭常出現的衛浴

- 小東西很多，而且顯得很雜亂。
- 收納空間不足，雜物放得到處都是。
- 使用日光燈，令人感覺寒冷。

# 要如何才能把用水空間變得講究呢？

如果能把用水空間打造得人見人愛，每次使用都會感覺舒適、還能轉換心情。
如此一來打掃時也會格外用心，產生不知不覺就能維持整潔的加乘作用。

## 鏡面和腳邊都清爽乾淨，視覺上會比較寬廣

整面牆鋪上鏡子，周遭的景色都會映在上面，給人空間寬廣的印象。在一片木板上架個洗手台，腳邊的空間呈現開放式，就能打造洗鍊的氛圍。簍空部分牆面作為收納空間，是有效運用狹窄空間的小技巧。

## 講究磁磚與洗手台

原創的盥洗台貼上馬賽克磁磚，運用「實驗室用流理台」當作洗手盆。下方的櫃子使用市面上販售的收納用品，可以將零散的小物分類收納。如此一來，就算是開放式的櫃子也能清爽整齊。

## 不隔間更寬廣

不把廁所獨立隔間，只用腰壁板稍微區隔空間。把廁所、盥洗室、浴室統一，就能有效運用有限的空間，也能緩和空間狹窄的印象。

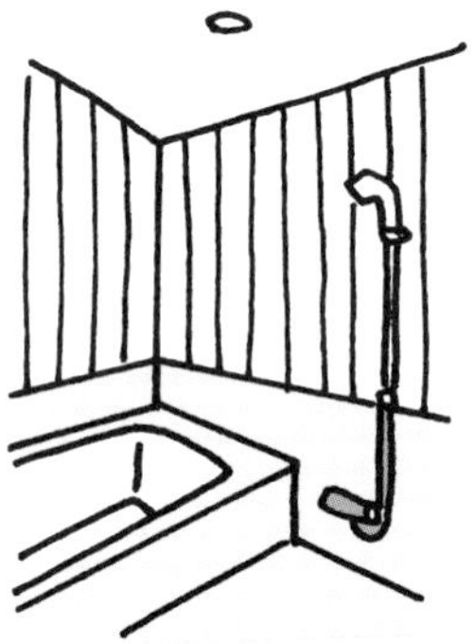

## 講究牆面的素材

運用半個一體成形浴室，在上半部牆面貼上喜歡的磁磚或木板，藉由這種自由搭配，創造出喜愛的空間。

## 靠天窗創造明亮感與潔淨感

在盥洗室上方開一扇天窗吧！如此一來就算位於北側，也會灑落穩定而清爽的光線。因為跟鄰居靠太近而無法開對外窗戶時，天窗也是很有效的方法。

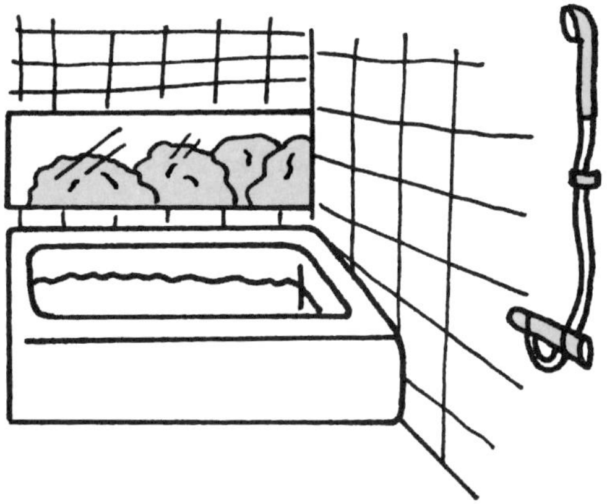

## 利用植栽放鬆身心

為了能在浴缸泡澡時還能一邊眺望景色，需要好好規劃窗戶與植栽位置。考量入浴時間多為晚上，如果加上照明燈，就能營造度假氛圍。

**打造出舒適的用水空間，**
**會讓你的生活品質大幅提升。**

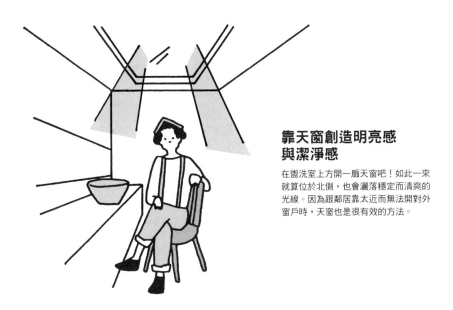

# 必須以夫妻為主體來設計房間

孩子終究會獨立。

設計房間時如果感到迷惘，不妨想一想誰會待在這個家裡最久?如果孩子有一天會自己獨立並離開家的話，之後的日子就只剩下夫妻兩人。因此，請以夫妻的房間為主體來思考吧!

夫妻的寢室最好設在遠離玄關、能夠安心待著的地點比較好。我希望夫妻的寢室可以確保某種程度以上的大小，不只當作睡眠空間，還能作為放鬆、發揮興趣的場所。內部裝潢選用沉穩柔軟的色調、照明有效運用能夠調節亮度的燈具或間接照明等，就能輕易打造放鬆的氛圍。

兒童房最好用可拆除的方式隔間，以後才方便更動。如果採用與建築物一體成形的家具，牢牢固定之後，拆除時會很麻煩也不容易翻新，會變成難以轉為其他用途的房間。另外，為了避免孩子把自己關在房內，盡量把房間配置在能輕易連結客廳、易於傳遞聲音和視線的位置上較佳。

# （兒童房應該如何配置？）

兒童房的配置根據被賦予多少獨立性等想法，會有不同改變。
兒童房之間的關係、房間與客廳的關係等，請好好思考你期盼空間與空間有什麼樣的關係吧！

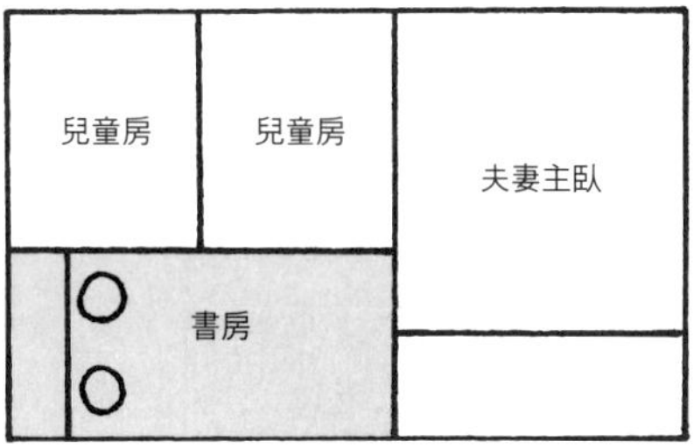


## 把兒童房面積縮小，增加共用空間

兒童房盡量節省空間，但可增加共用的書房。書房將來可以轉為夫妻的書齋或培養興趣的空間，能夠改變用途重新利用。

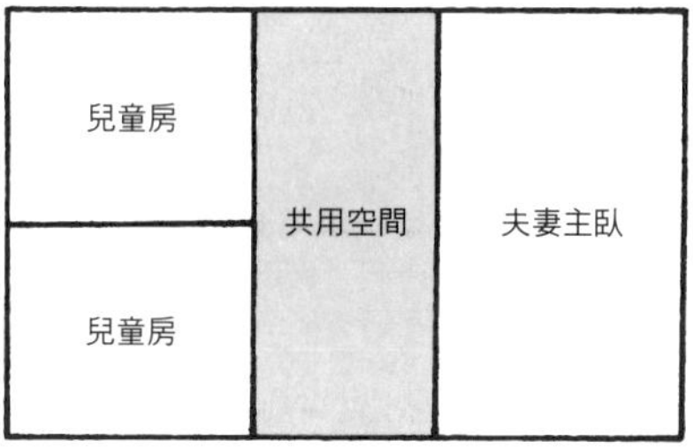


## 利用中央的共用空間，打造緩衝帶

兒童房與夫妻主臥間，藉由保留挑高、多功能的共用空間、中庭、露台等方式，打造隔一段距離，卻又能稍微觀察彼此狀況的環境。

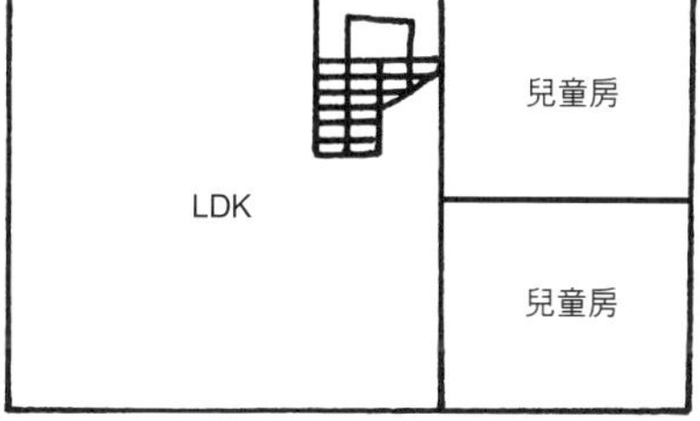


## 把兒童房設在一家團聚的場所附近

把兒童房放在LDK（客廳、餐廳、廚房）附近，可以讓孩子與在LDK的雙親溝通，有助於家庭凝聚。將來孩子獨立離家之後，也能夠改成夫妻的主臥房。

## 兒童房必須隨著年齡改變

和建築物一起訂做的收納等家具，一開始就準備好雖然很輕鬆，但不能隨意更動也是一大缺點。如果能夠靈活運用空間，遇到像以下這樣的情形，就能隨年齡增長改裝房間。

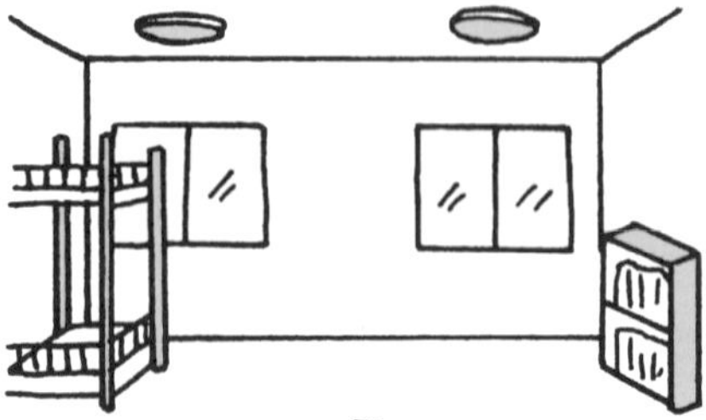

### 0歲～國小低年級

尚未確定孩子的人數、年紀還小的時候，不要區隔房間，讓遊戲空間更寬廣。

### 國小～國中

孩子人數已定，處於自我萌芽期，可以用百頁板等簡易的方式分隔房間。

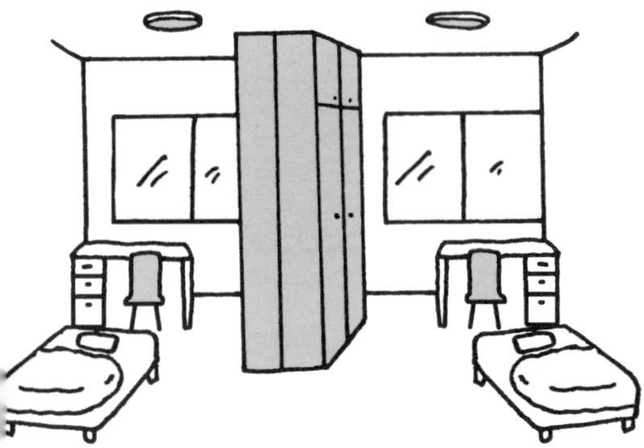

### 高中～大學

東西漸漸變多，生活型態也各有不同時，使用系統家具把2個房間分開。孩子離開家之後，就能輕鬆地恢復單間房的狀態。

# 如何讓寢室更充實？

在單純只用來睡覺的房間，加上一些附加價值，就寢前的時間會更加充實。

## 打造迷你書房

適合睡前的一小段時光，想閱讀喜愛的小說等書籍的人。想睡的時候馬上就能躺平，靠近臥床是一大優點。

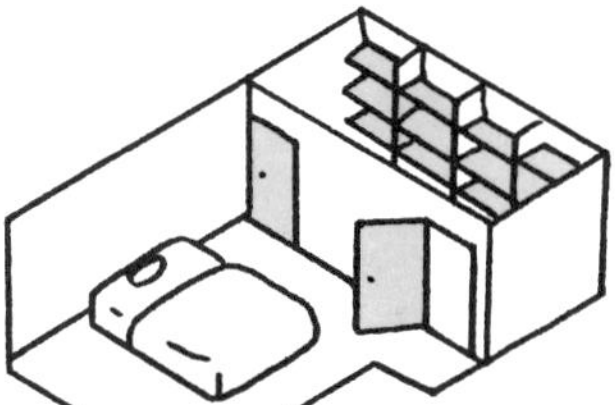

## 打造寬敞的衣帽間

衣帽間若夠寬敞就能在裡面更衣，衣服也不會亂丟在寢室裡。寢室不需要再添加任何家具，空間看起來清爽寬敞。

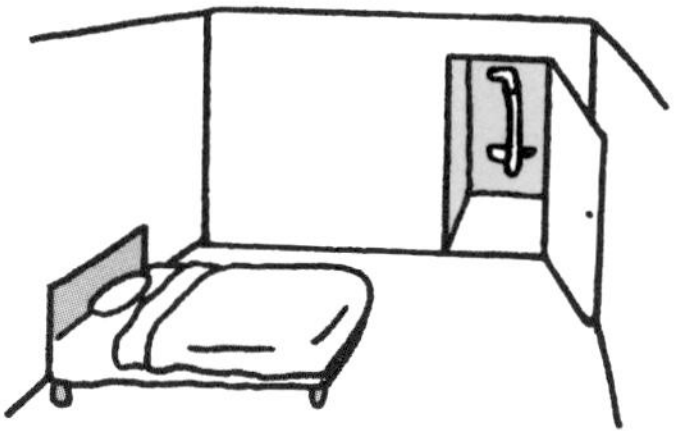

## 連接寢室與淋浴間

設置專用的淋浴間。對於在夜晚或早晨等時間沖澡，與家人生活時間相差很大的人而言，有獨立淋浴間十分方便。

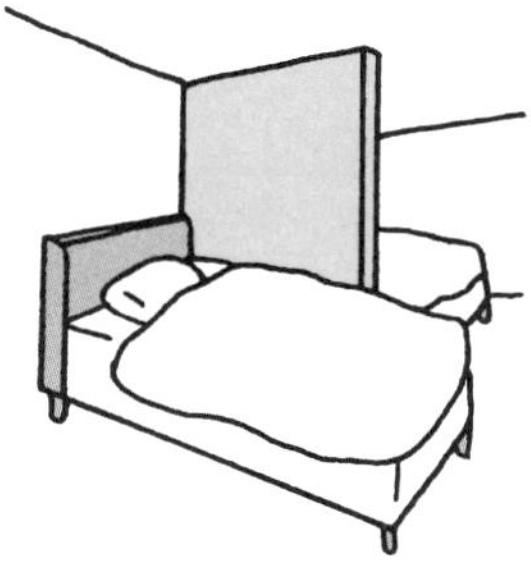

## 區隔夫妻的寢室

適合就寢、起床時間不同、或珍惜彼此時間的夫妻。若是高齡夫妻，能夠觀察彼此狀況的隔間非常重要。

**房間以夫妻的臥室為主，**
**兒童房則是以臨時設置的觀點考量隔間。**

# 設計收納必須從了解生活型態開始

要解決收納問題，並非從分析收拾方法開始，而是從分析生活型態著手。

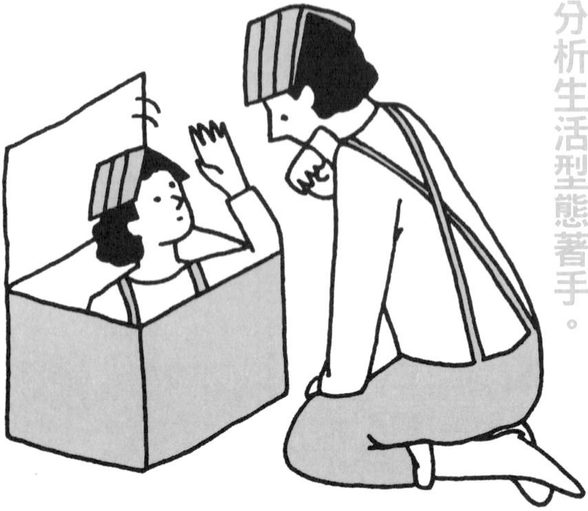

只要有很多收納空間，生活就會更輕鬆嗎？當然不是。生活型態不同，有的物品數量和種類當然會跟著相異。因此，重要的是必須審視自己在生活中重視什麼？就算有再多收納空間，如果不能配合生活型態，還是會變不好用、不好住的住宅。喜歡戶外活動的家庭，要怎麼收納相關工具、收在哪裡？可以輕鬆地裝卸這些東西到車上嗎？喜歡做點心的話，廚房收納要怎麼做才會便於使用呢……？先把現在實際上感到不方便的地方寫出來，也不失為好方法。

了解生活的方向之後，收納的基礎，也就是只要依照「使用場所、使用頻率、使用者」做計畫即可。一般的獨棟住宅，收納空間大約是以住宅整體容量的12％～15％為基準。基本計畫完成時，就先確認大概佔多少百分比吧！之後，就只剩下為了長期保有舒適性，如何維持物品數量的問題而已了。

# 家裡會增加哪些物品呢？

你的生活中充滿哪些物品呢？把物品分成5類，確認收納的量之後，
就能了解自己是重視哪一種生活的人。請填填看以下的五角圖吧！

## 收藏很多食品的人

在廚房旁邊設食品庫，把層架的深度做淺一點，如此一來庫存還有多少就一目了然，也能防止食物過期。溫度變化小的樓梯下方或地板下方，都很適合當作食品收納的地點。

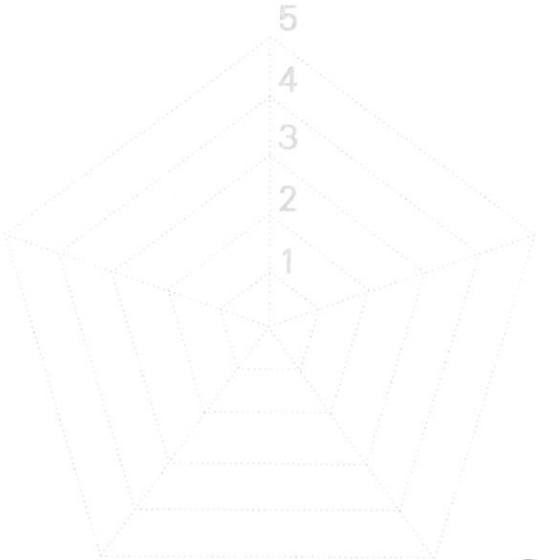

## 收藏很多嗜好品、學習用品的人

必須先區分是否為平常會用到的東西？還是只想放著？不常用的物品就算放在難拿的地方也沒關係，把物品性質區分清楚。然後，好好運用閣樓的空間吧！

## 收藏很多衣物的人

必須考慮打造衣帽間。關鍵在於能夠一眼就掌握所有衣物的環境，必須有利於定期檢查、處理舊衣的循環。

## 收藏很多餐具的人

除了平常使用的餐具櫃，還需要在廚房內打造收納空間，容納不常使用的日式餐盒、漆器、托盤等餐具。但若餐具不容易拿取，可能以後都不會拿出來用，所以設計時要多加留意。

## 收藏很多日常用品的人

在家人聚集的客廳設一個稍大的收納空間。設在走廊也可以。如果不打造成家裡的每個成員都容易整理的狀態，往往東西都不會歸位，導致到處都是雜物。

# （標準的家庭收納，大致有這些內容！）

收納空間建議以住宅整體的12%～15%為基準。
4人小家庭的收納容量統計，如以下所示。※數字為長×寬×高（2.4m）的容量。

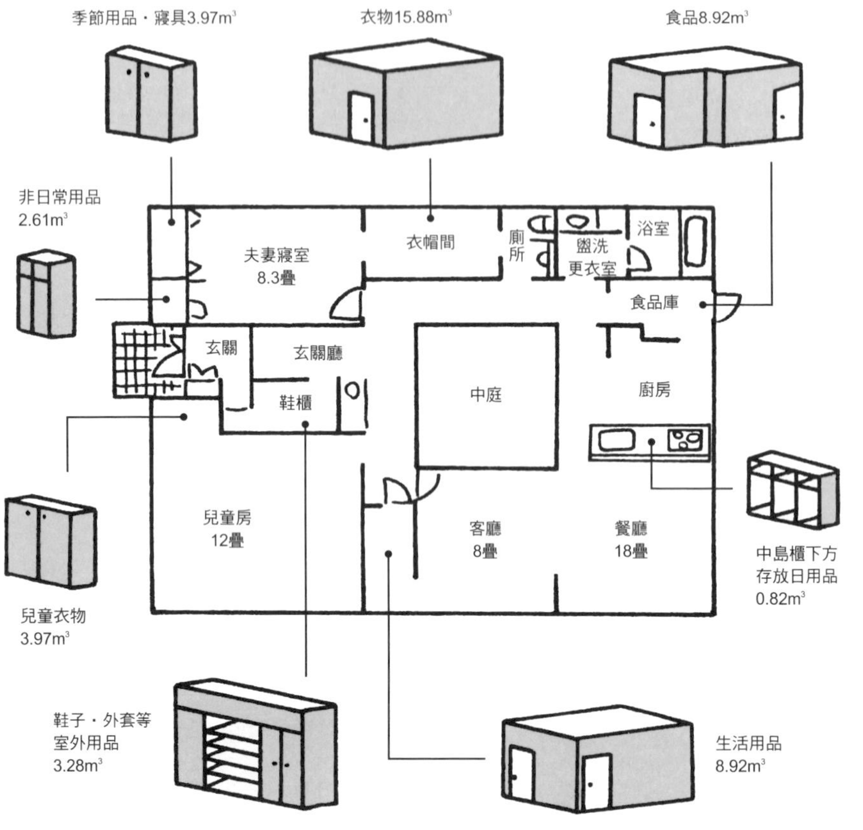


（※譯註：1疊約為0.5坪，詳細計算方法請見p.77。）

**3LDK（135m³，約40坪）的狀況下，合計收納空間………。**
**住宅整體的收納容量＝48.37m³（住宅整體的14.8%）**

自己家裡的住宅計畫當中，佔多少容量呢？
配合前一頁測量出來的家庭特性，比較並確認一下吧！

# 結合收納和動線，合理的配置！

收納動線若能安排得有效率，家裡就不容易變得亂七八糟。因此，可以考慮把收納空間設兩個出入口，移動的途中就能順便整理、拿取物品，也可以當作隱藏的動線來使用。

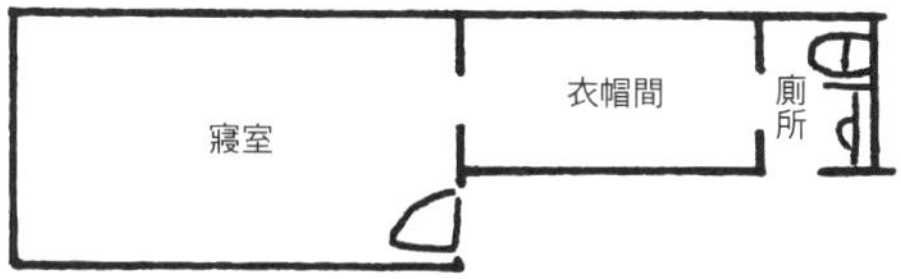


### 連接寢室和廁所的衣帽間

把衣帽間當作能夠從寢室到廁所的路徑。不必經過寒冷的走廊就能前往廁所，就算年紀大了也能安心使用。

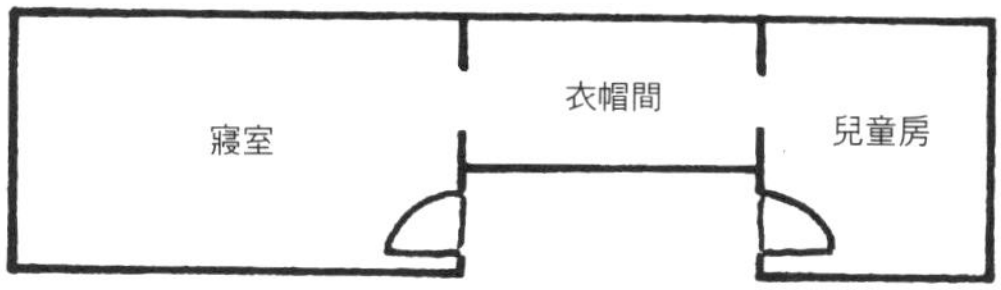


### 介於寢室與兒童房之間的衣帽間

雙親能和孩子共用衣帽間，所以就能把家人的衣物都集中在一起。

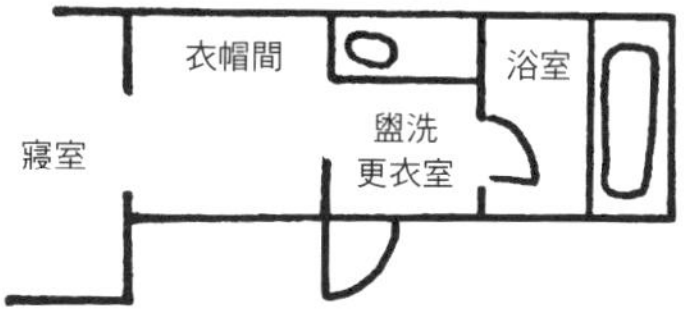


### 連結寢室與衛浴設備的衣帽間

能夠統一晚上「入浴・更衣・就寢」的動作，非常方便。早上也可順暢地依照「起床・洗臉・更衣」的流程出門。但必須注意，不能讓濕氣入侵衣帽間。

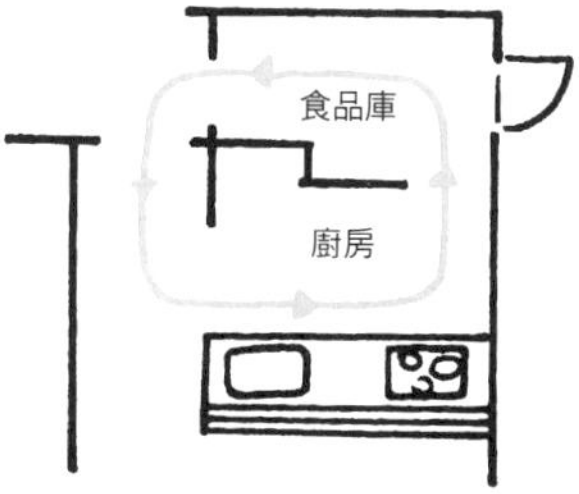


### 可以繞一圈的食品庫

這是有兩個出入口的食品庫案例。因為增加了往來廚房的動線，所以便於通行。但必須注意，出入口的部分要減少收納量。

關鍵在於，了解適合自己的收納。

# 階梯是隔間的關鍵

樓梯就像支撐
隔間的腰脊骨一樣重要。

樓梯可以說是思考隔間時的關鍵。樓梯的規劃，不只影響家人之間的溝通，甚至會為居住的舒適度或房間的大小帶來改變。

1樓若設計為客廳等公用空間，2樓就會是房間等私人空間。也就是說，樓梯是「家庭」與「個人」意識轉換的場所。因此，對拉近上下樓層、建構良好的家庭關係而言，樓梯的「連接方式」就顯得非常重要。如果這個部分做得好，住宅就能產生整體感。

另外，「分隔區域」也能利用階梯完成。如果靈活運用階梯的特性，就能大幅提升隔間或空間的可塑性。

除此之外，如果把樓梯當作單純上下樓、「只是經過」的場所就太浪費了。最好加上一些每次只要通過就會獲得刺激、或者促進溝通的「機關」。如果能打造出每次經過都感覺開心、生氣蓬勃的樓梯，那就表示成功了。

# 那個階梯的位置亮黃燈囉！

那個階梯的位置真的OK嗎？一邊想像人的動作一邊確認位置很重要！

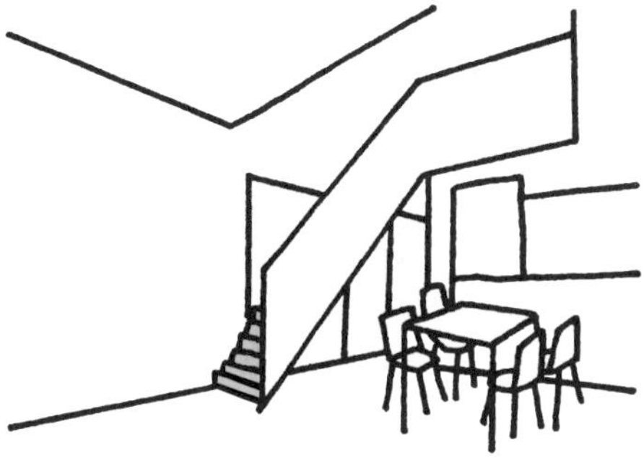

## 南面的樓梯

南面的樓梯或許令人感到明亮舒適，但如果擋住落地窗，進出時容易撞到頭，也會有樓梯遮蔽光線等問題，需要多加留意。

## 靠近餐廳的樓梯

如果樓梯就在餐廳旁邊，人來來往往很不安寧。冬天時，暖氣也會順著樓梯散失，會令人感覺寒冷。

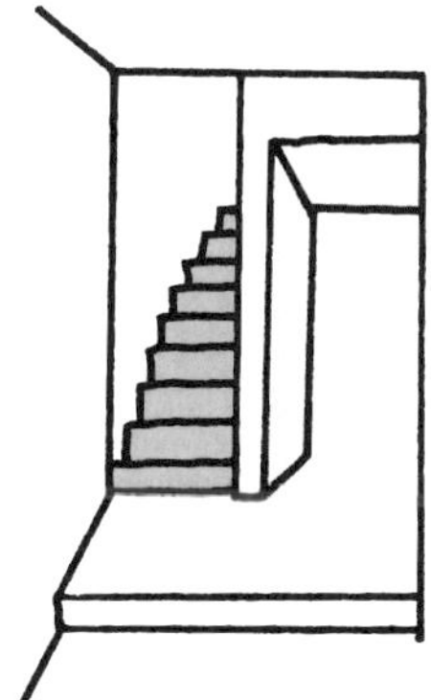

## 打開玄關<br>馬上就看到樓梯

上下樓梯時，其他家人正在接待訪客的話，就會不經意碰上來訪的客人。如果正好穿得很邋遢，一定會覺得尷尬……。

# （樓梯的位置決定隔間的特徵 !?）

樓梯是決定人們動線的重要環節。
樓梯在住宅中的位置，會大幅改變隔間的形式。

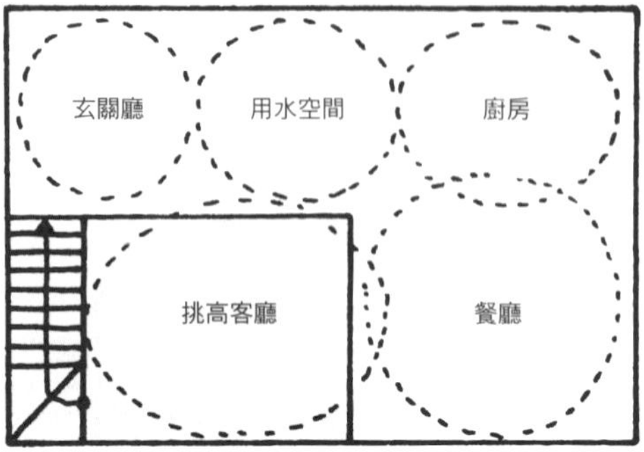


## 與挑高空間融為一體

樓梯與挑高空間的組合，因為是縱向連結，所以充滿開放感，視覺效果寬廣。

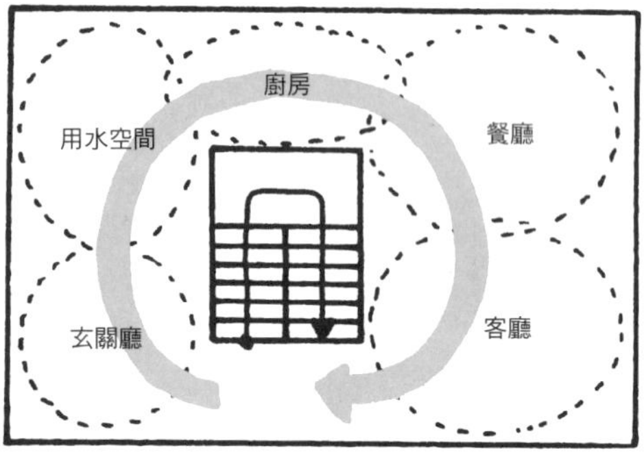


## 打造能繞一圈的動線

把樓梯設在正中間，自然就會形成能繞一圈的路徑，同時也能縮短生活動線。

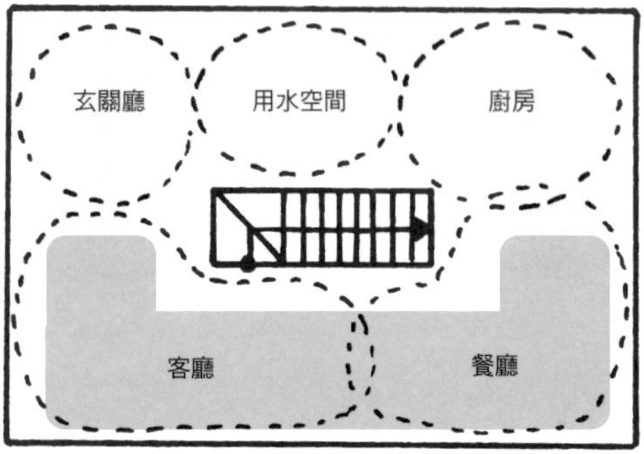


## 利用樓梯分區

樓梯設在共用空間與用水空間的正中央，發揮分區的功能。

# 不讓樓梯變成單純的通道

如果只是為了上下樓而設，那就太浪費樓梯空間了。在又寬又長的牆面上打造書櫃、樓梯間打造成小小的容身之所，只要多下功夫樓梯也能一躍成為豐富的空間。

## 把樓梯間變成孩子的遊戲空間

把樓梯間稍微加寬，就能變成孩子的遊戲室。下方還可以當作收納空間。

## 把樓梯的牆面做成書櫃或展示櫃

利用樓梯的牆面打造書櫃，讓家人能夠輕鬆地坐在樓梯上讀書。牆面很寬敞，也適合拿來展示收藏品。

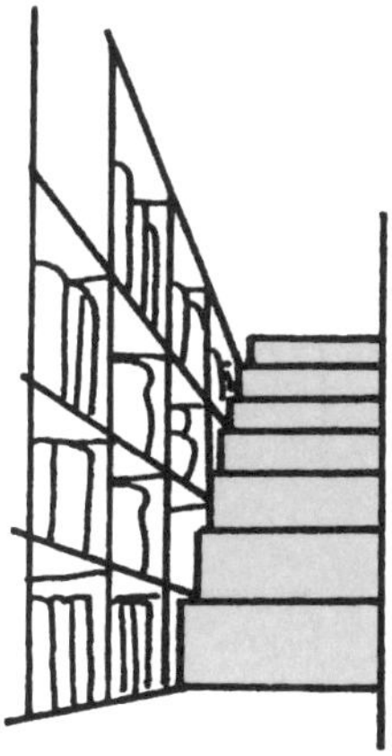

## 在樓梯間打造電腦區

加寬樓梯間，設置家人共用的書櫃・電腦區。

利用樓梯的特性，
就能大幅擴展空間的可塑性。

# 打造多功能的「牆面」

## 試著與牆面對話吧！

以木材樑、柱為基本構造的日本傳統家屋中，牆面是非必要的構造。到了平安時代（＊譯註：西元794年～1192年。），為區隔室外空間，出現具有牆面與門功能的「吊門」，其功能性由之後出現的紙門與格子紙門繼承。或許是因為如此，我認為日本的住宅文化至今仍把牆面歸類為「功能」取向，忽視其觀賞性。由石頭與磚塊堆疊而成的西歐住宅，牆面佔了大部分空間。因此，活用牆面的內部裝潢方式等，有許多獨特魅力值得仿效。厚重而有存在感的牆面，若能與日本住宅結合，必定能創造出更為豐富多彩的空間。

譬如，在牆壁前不放置壁櫃等家具，而是創造單純能感受牆面的空間。牆面能夠帶給房間安全與沉穩的感受。如果牆面位於目光焦點，在材質與顏色上賦予獨特性，打造一面彷彿訴說著千言萬語、有張力的牆面，我認為也是不錯的選擇。如此一來，這面牆肯定能成為你最值得驕傲的區域。

# 日本與歐洲的牆面大相逕庭

由樑、柱構成的日本建築，牆面本來就少。
歐洲建築因為是以石材和磚頭砌成，所以沒有牆面就無法打造一棟建築。因此，歐洲人善於運用牆面。

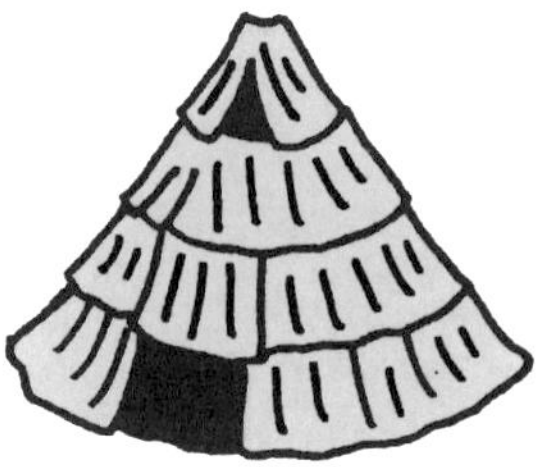

## 古代的住宅

半穴居的住宅沒有牆面，只靠屋頂就打造出住宅。

## 傳統家屋

傳統的家屋也只有柱子和屋頂結構，少有牆面。

## 牆面獨具魅力的歐洲建築

石材或磚頭堆疊而成的歐洲建築，牆面就是構造物之一。因此，在不減弱構造強度的前提下，如何開窗是成為重要的課題。在牆面多的狀況下，歐洲擁有利用牆面打造出豐富空間的文化。

# 牆面也需要被認同

你身邊有沒有這種牆面呢？如果牆面沒有完全發揮功能，就無法創造出舒適的空間。

## 牆面少的空間，令人難以平靜

如果少了統一的牆面，搭配家具時就必須花很多功夫，而且在沙發上也會感到坐立難安。

## 牆面外觀不統一

如果裝飾品或擺設物沒有在統一的水平上，視覺上就會產生不穩定的感覺。牆面雜亂的話，人在房間裡也很難放鬆。

## 牆面被雜物淹沒

牆面被毫無統一感的雜物淹沒，視覺上同時接收太多資訊時，可能會令人然感到厭煩。

# 什麼樣的牆才是「好牆」？

一堵好牆必須具有存在感，能讓人心情沉澱、讓空間富有戲劇性等，
擁有心理上驅動人們的力量。

## 賦予人們安全感

如果有一片面積寬廣的牆，就會產生被保護的安全感。

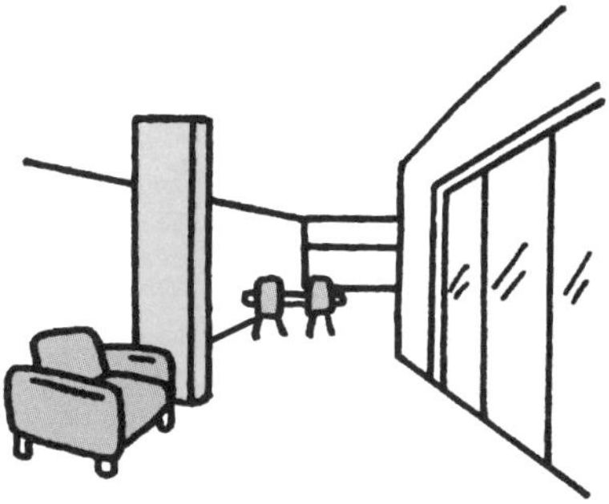

## 柔和的隔間

輕柔地區隔空間的牆面，雖然遮蔽視線，但又能傳達彼此的動靜。

## 充滿戲劇性

使用富有存在感的材質打造連續牆面，誘導視線投向遠處，創造出戲劇性的空間。

如果能單純地感受牆面，
空間自然就會產生安穩及安全感。

# 不直接採光而是引入光的「特質」

作家最喜歡
在北側打造書房。

現代住宅大多都選擇直接採光，我認為往往會導致引入不必要的光線或熱能。直射光通常出現在光線刺眼、酷熱難耐的夏季。相較之下，藉由牆面或天花板折射的光線，既柔和又安定。作家和畫家之所以會酷愛北側的窗戶，也是因為他們都需要變化較小的光線。我建議不妨多多活用富有多樣性的折射光線。根據四季、時間不同而變化的光線，讓室內空間展露更多彩多姿的樣貌。東西南北的光線，各有不同特質。藉由改變屋簷、窗戶的形狀、大小，巧妙地掌控這些光線。因為用途不同所需的光線也不同，並非所有房間都需要相同亮度。

在多雨的日本，通常都以深長的屋簷來保護建築物不受雨水侵蝕，但往往會因此而造成室內昏暗，所以前人想出部分可開闔的格子紙門和竹簾等可透光的方法。將室內微弱的光線，利用白色的熟石膏牆面折射成擴散光，打造出靜謐的空間。

# 光也有各種不同個性

依照窗戶的方位不同，能夠採取的光線性質也各異其趣。
透過掌控各自的特徵，打造出舒適的室內環境吧！

**東側的光線**

早晨的光線泛紅並且緩緩地產生透明感。

**南側的光線**

用有強大能量的刺眼光線。

**西側的光線**

還殘留一些熱量的橘紅色光線。

**北側的光線**

變化較少、穩定的白色光線。

# 依照窗戶的方位，改變處理光線的方法

每個方位的光線性質不同，窗戶的裝設方法與門窗的種類必須依性質選擇。

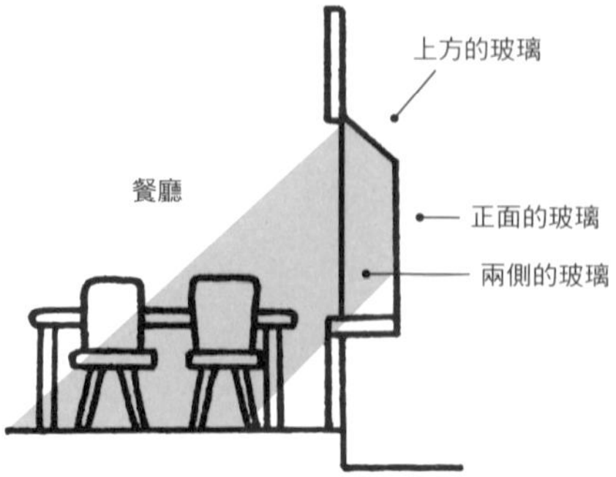


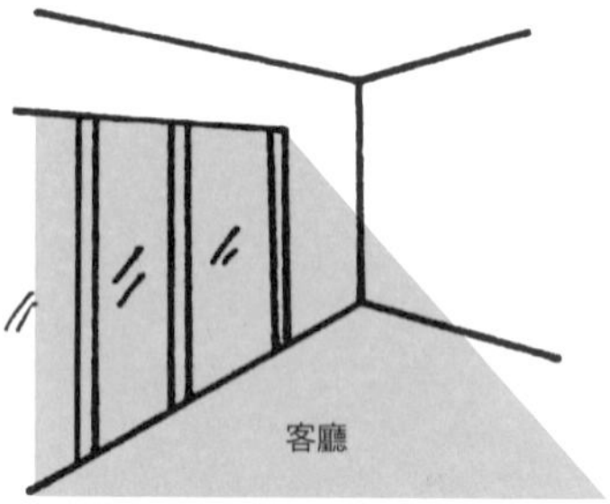


## 朝東的房間

在餐桌上吃早餐時，若能感受早晨清爽的光線會令人心情愉悅。使用3面都是玻璃的凸窗，就能大量引入光線。不過，夏季西曬的光線直射進室內則會過熱，可使用捲簾來調整光線。

## 朝南的房間

朝南的房間通常都會有大片的窗戶，但夏天的光線強、熱度高，使用遮光玻璃能提高冷氣的效率，不失為一個好選擇。

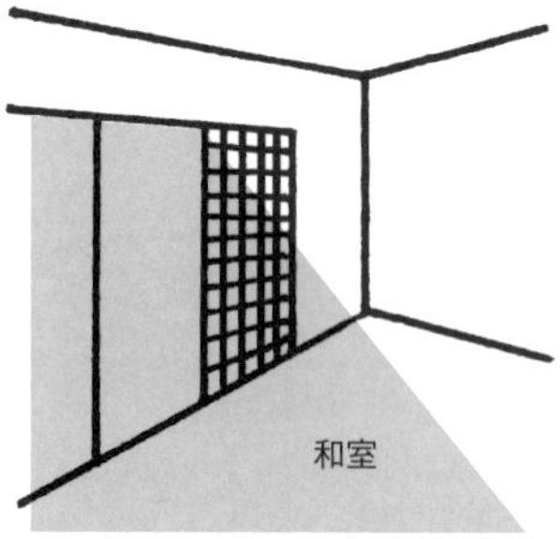


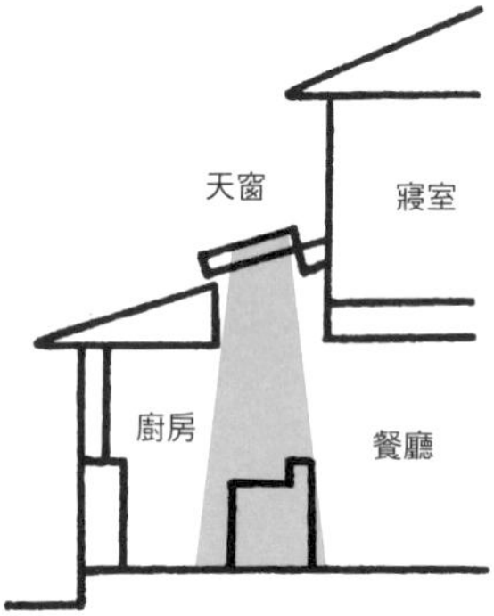


## 朝西的房間

西曬的陽光，在冬天時可導入房間深處，常保室溫維持穩定。相反地到了夏天，就會讓室內長期處於高溫狀態，所以這裡使用遮光玻璃材質較佳。如果是和室，可以使用雙重紙門遮蔽西曬的陽光。

## 朝北的房間

從北側照入室內的光線，適量且穩定。不帶熱能的光線能常保涼爽溫度，適合需要保存食物的廚房。另外，因為具有潔淨感的亮度，所以也很適合衛浴空間。

# （打造光線的「細微差異」）

不要只是採用統一的亮度，藉由複雜的陰影、讓室內更富饒變化，
使光線產生流暢的「細微差異」。能夠讓室內景色更有深度。

## 創造光線的明暗差距

藉由「明」與「暗」清晰的對比，
為房間添加深遠的視覺感受。

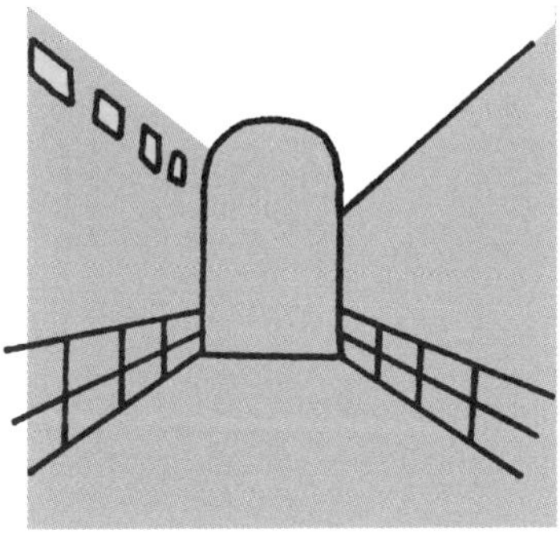

## 擴散光線

透過窗戶引進的光線，經由曲面的天花板
擴散，轉化成柔和的光線充滿整個房間。

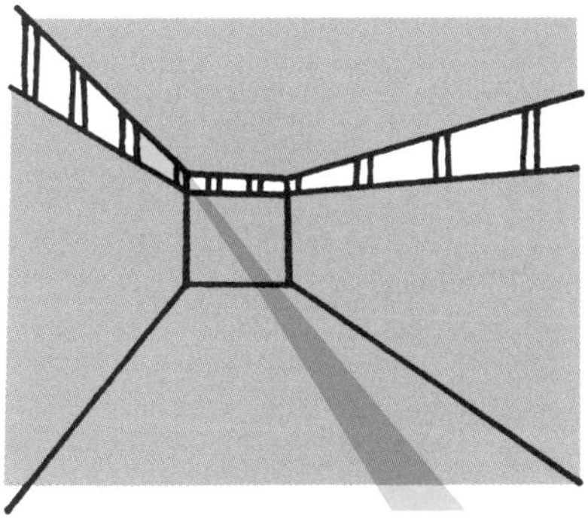

## 創造光線的陰影

從一排天窗照進來的光線，隨著陽光變
動產生線條與陰影的美感。

了解光線的性質、區分使用方式，
就能讓生活更加豐盈。

# 打造舒適的照明環境

最令人放鬆的照明顏色，是夕陽西下的顏色。

日光燈與LED的白晝燈光，會讓人振奮精神，所以適合放在辦公室等場所。然而，放在希望獲得療癒的住宅中，太過明亮的環境無法打造放鬆的氛圍。

另外，在房間中央設一個吸頂燈，雖然能照亮整個房間，但除了照明以外毫無其他效果。照明計畫之所以重要，就是因為必須兼顧心理・生理層面的狀況，才能搭配出合適的燈光。

間接照明等使用多種照明燈具的多燈分散型的照明計畫，可創造出餐廳或飯店那樣令人放鬆的氛圍。光線也有溫暖、冰冷的色調，選擇燈色也很重要。在晴朗冬日看到的夕陽，色溫大約是3300K。將這種光線引入室內，會讓身體感到一天已經結束，自然轉換成放鬆的狀態。相反地，如果是想讓頭腦清醒的書房，就不適合這種色調。

# (一間房一盞燈……這樣真的好嗎？)

一個房間配一盞天花板燈，這種傳統的照明形式，是否真的是最佳選擇？
其實，在歐美很少使用天花板燈。

## 只有吸頂燈的狀況

- 房間整體明亮，但氣氛會變得像辦公室一樣僵硬。
- 適合讀書等作業，但不適合想放鬆的氣氛。
- 無法營造空間的深遠感。

## 只有吊燈的狀況

- 設計不同的燈具如果沒有注意平衡，容易變得不協調。
- 因為有燈罩，所以光線無法照到天花板，空間會顯得狹窄。
- 適合餐廳等希望集中光線的地方。

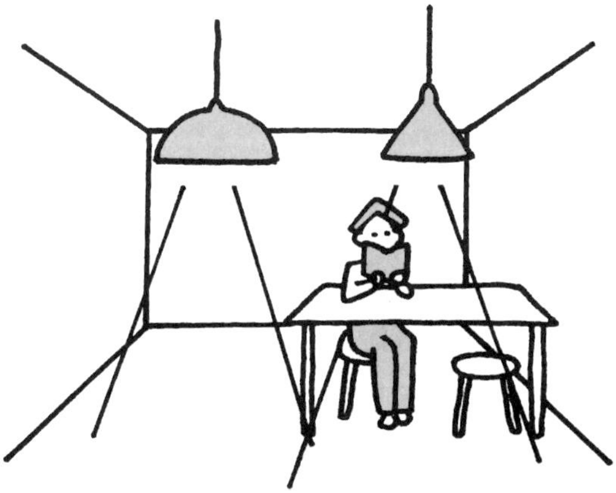

# 光線也有顏色

大自然的光線有許多不同的「顏色」變化。模仿這些顏色，燈泡也有各種不同的色調。
如果掌握有關光線的基礎知識，擬定照明計畫時會很有幫助。

### 白天的光線

顏色為白色和日光燈的白晝光一樣。人在這種光線下會更具有活動力。色溫為6000K。

### 月光

和日光燈一樣都是白色。擁有令人感覺沉穩、放鬆的氛圍。色溫為4200K。

### 夕陽

偏紅的色調，與日光燈的黃光色一樣。人在這種光線下會變得放鬆。色溫為3300K。

※光的顏色以溫度表示，稱為「色溫」。單位為克耳文（K）。

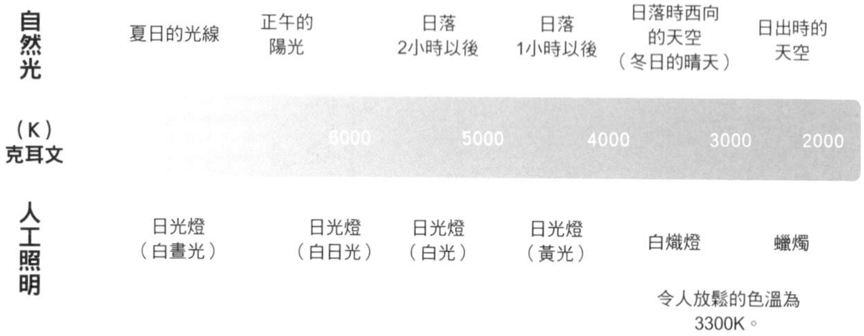


## 人工照明的種類

### 白熾燈

具有誘導睡眠等效果，適合放鬆的場所。色溫在3000K左右。0～100%之間可調光。

### 日光燈

適合需要照亮房間整體的場所。色調從白晝光到黃光共有5種可供選擇。依照種類不同，有些可調光。

### LED照明

適合難以更換燈泡或點燈時間長的場所。也有偏紅的低色溫種類。依照種類不同，有些具備0～100%之間可調光的功能。

# （照明有許多種類）

這裡沒有畫出一般的吸頂燈（天花板燈）和吊燈。
我希望讓大家瞭解除了這兩種以外，還有這麼多類型的照明燈具，必須依照功能分開使用。

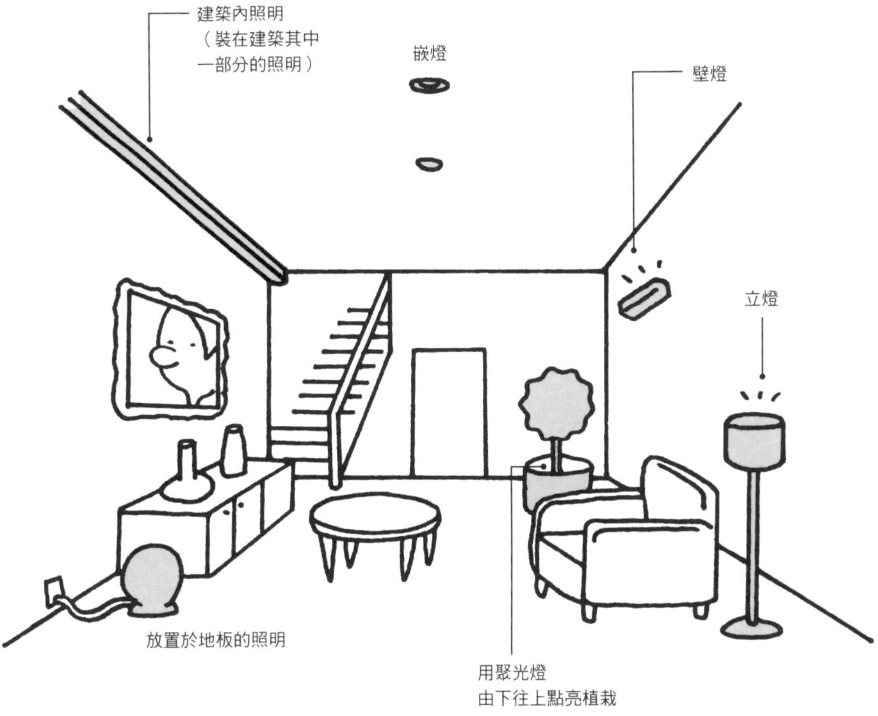


比起照明燈具本身，更重要的是希望被照亮的面呈現什麼感覺。若能組合多種照明賦予變化性，就能配合各種不同狀況的需求。在低處若能有像立燈之類的照明，就能讓心情轉換到休息的模式，這種狀況當然是選擇色溫高的燈泡最好。另外，如果在觀葉植物上打燈，就能更添加度假感。

依照房間的狀況，擬定照明計畫吧！

# 打造有「○○○」的住宅

謹慎思考優缺點

# 如果想打造「開闊的住宅」

## 藉由視覺、心理層面上的展現讓空間變得清爽

「既然要打造住宅，空間就要越寬廣越好！」這種自欺欺人的心態其實不難理解。如果是建於郊外可能還說得過去，住在地價高昂的區域，價格落在預算內能買得起的建地通常面積都會比較小，建築物只能配合建地打造。不過，若是就這樣放棄，我也只能說你太老實。其實，只要運用設計上的技巧，就算無法打造「寬廣的住宅」，至少還能打造「令人感覺寬廣的住宅」。

要令人感覺空間寬廣，首先不能把隔間切得太細。隔間太多的住宅，走到哪裡都會碰壁，導致視線會折射回來，讓人感覺狹窄。此時，最好盡量連結各個房間。實在需要用到牆面的場所，只要加上細長的採光窗或地窗等，讓視線能夠延伸到遠處，心理上就會感覺空間寬闊。

接著，「讓外觀清爽」也是讓人感覺寬闊的技巧之一。譬如統一窗戶的高度、不設窗框等，盡量消除不必要的「線」也是很好的方法。

# 大小相同卻令人感覺狹窄的住宅

## 在走道盡頭的牆面，會產生堵塞感

如果增加房間數，隔間規劃就會變得零碎，動線與視線都容易碰壁。其結果就會像被關在籠子裡一樣，感覺堵塞、狹窄。

## 水平線參差不齊

窗戶的高度、門框的高度等水平線七零八落，使室內顯得不統一，也容易形成壓迫感。

## 使用材料的方式沒有整體感

地板、牆面、天花板的材料種類過多會失去整體感。另外，質感與顏色，圖案不同，也會造成資訊量過多令人感到厭煩。

# 只要這樣做就能令人感覺寬敞

就算是相同的空間，只要利用心理、視覺上的「展現方式」，
就能打造感覺比實際空間更寬敞的住宅。

## 找出建地的優點

觀察建地周遭，確認有沒有與鄰居的庭院相連的地方？有沒有能借景的角度？在這些地方裝上窗戶，就能達到開闊視野之目的。

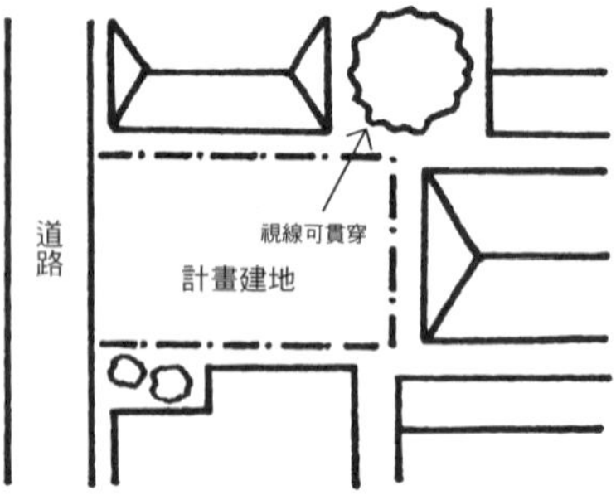


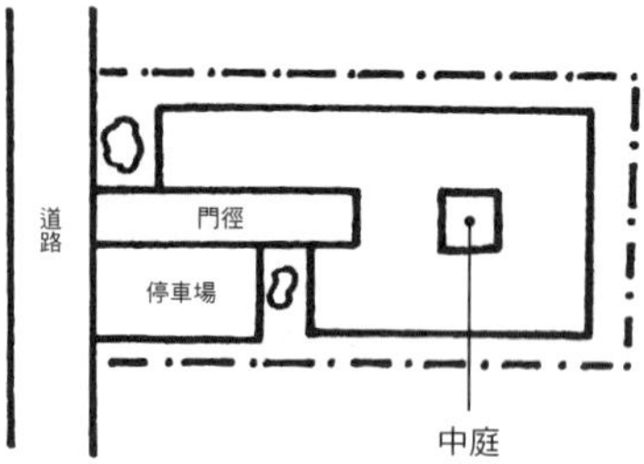


## 運用建地的長邊

若建地細長，可利用長邊的距離拉遠到玄關之前的門徑，種植綠色植栽營造深遠感。另外，可利用中庭等空間，打造能延伸視線的場所。

## 在視線碰壁的位置上多用心

在視線盡頭放一些有趣的東西、能觀賞的物品，就能減輕堵塞感。

### 細長的採光窗

利用採光窗等方式引入光線、或引導人欣賞窗外的植栽，都能夠讓視線得以延伸。

### 展示層架

嵌入牆面的展示層架，可以當作小物的展示空間，令人有視覺上的享受。

### 照明與繪畫

牆面掛上繪畫等藝術品再打上聚光燈，就能引導視線延伸，創造深遠感。

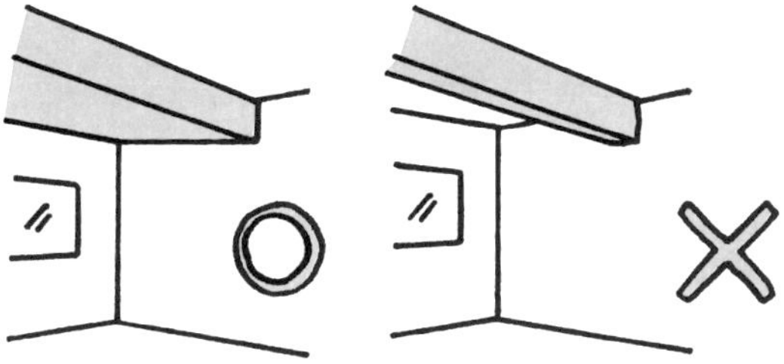

## 打造垂壁的重點

垂壁的優點是不會將空間切割，反而會因為有延續性而使空間看起來更寬敞。不過，垂壁本身就是在視線範圍內增加多餘線條，可能會使視線受到阻礙，所以除非必要盡量不要打造垂壁。

## 在視線高度上，清空牆面收納

打造牆面收納時，從地板到天花板都做滿會產生壓迫感，令人感覺狹窄。所以把容易與視線交會的中間部分清空，就會感覺比較寬闊。另外，上下櫃體的門板的縫隙若能統一，視覺上會比較清爽。

## 窗戶的展現方式也很重要

窗框也是阻礙視線的元素之一。根據不同施工方式，也可選擇隱藏窗框的作法。隱藏3個方向、只保留下方的窗框，就能讓外觀顯得清爽。窗戶的高度如果不能統一，至少對其上緣或下緣，就會改善很多了。

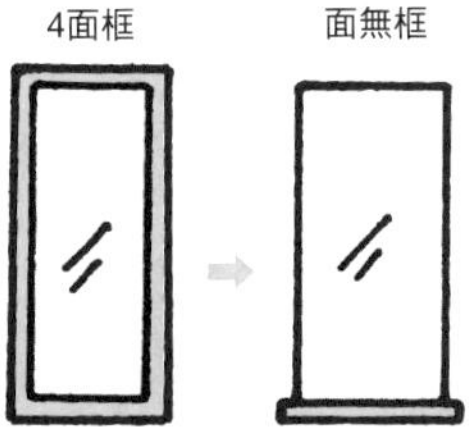


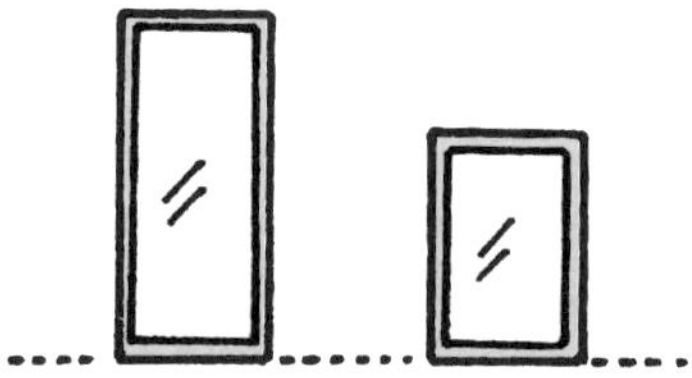

令人感覺寬敞的住宅，
訣竅在於視線能夠延伸，
礙眼的「線」越少越好。

# 如果想在「條件不好的建地」上造屋

或許正因為有缺陷，
反而更吸引人。

住宅的形狀與容量，必須依照建地的形狀與高地差、周邊環境、鄰地與道路之間的關係、建築基準法等各項條件決定。單純的四角形、又有一定程度的面積、地形平整的建地當然最好規劃，但價格也相對會比較昂貴。相反地，一般認為條件較差的建地，價格就會比較低廉。不妨把在建地省下的錢，用在建築物上吧！運用建地的特性，打造獨一無二具有特殊魅力的住宅，或許會成為逆轉勝的關鍵也說不定。

建地內可能會有不合理的高低落差、被建築物包圍日照不良、通風不良、無法歸類為「○角形」的不規則形狀等……。不要急著把這些條件差的土地淘汰，先找專家商量看看吧！或許這種建地裡，隱藏著能夠獲得你無法想像的空間可塑性。

# 所謂條件不好的建地是？

難以打造建築物的建地、或難以獲得良好周邊環境的建地都屬於條件不好的建地。
在這種地點造屋，必須在建築上下很多功夫。

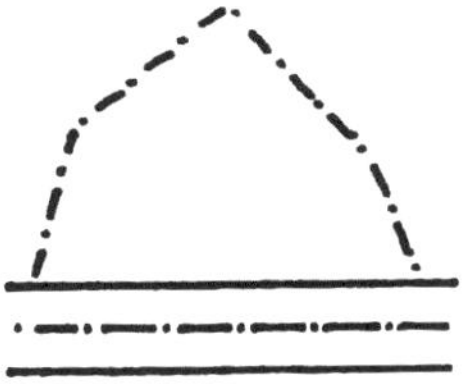

### 不規則形的建地

地如其名，是一塊不規則形的建地。既非三角形也非梯形、四角形，所以對建築物也會產生影響。

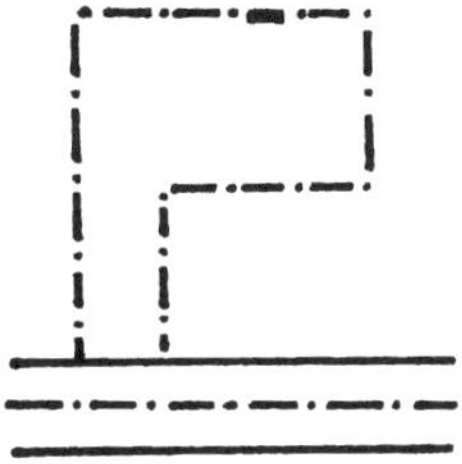

### 旗桿狀建地

從腹地延伸出一條細長的建地與道路連接。因為形狀很像旗桿，所以被稱為旗桿狀建地。

### 傾斜的建地

位於坡地上的建地。分為傾斜角度大於30度以上的陡坡地和小於30度的一般坡地。

### 狹窄的建地

指15坪以下的狹窄建地。這種建地也多為不規則形，和周邊土地相比通常也會低於市場行情。

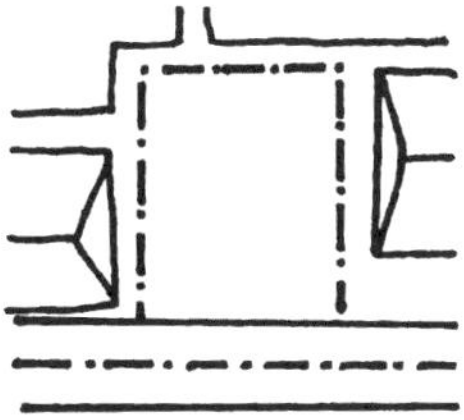

### 住宅密集的建地

木造住宅密集地區。地震或火災等災害發生時，具有可能會受災嚴重的危險性。

### 建築規範嚴格的建地

建蔽率或容積率、斜線限制等建築法規嚴格的建地。

## 建地條件地的確認重點

①確認方位和日照、日影的狀況（必須注意季節・時間點不同結果也會不同。）
②確認建地內的高地落差。
③確認連接道路寬度與建地寬度。
④確認鄰地的狀況、可以眺望遠處的方位。
⑤確認與鄰地之間的高低差、鄰居的窗戶位置。

#（化缺點為優點）

## 導入光與風的技巧

就算是周圍建築物密集或者位於北側斜面等環境惡劣的土地，只要在建築上多用心，仍然能夠導入光與風。

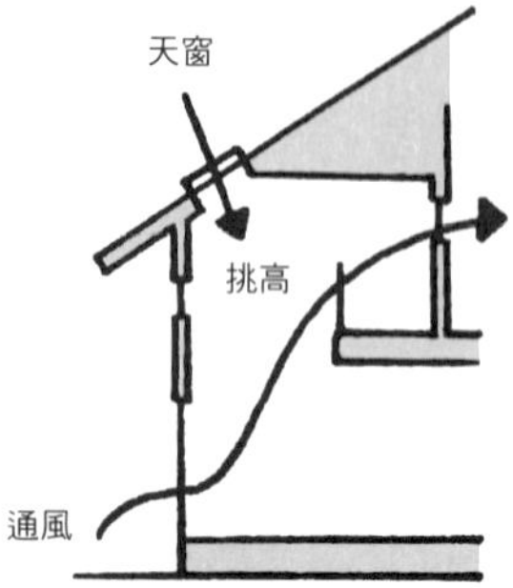


### 天窗・挑高

1樓的日照不良時，可藉由在挑高空間開天窗引入光線。

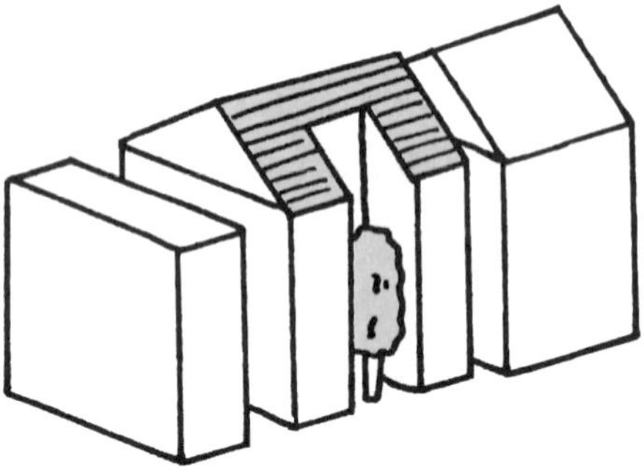

### 中庭・嵌入式中庭

打造中庭引入光與風。就算是位於北側，也能獲得採光。

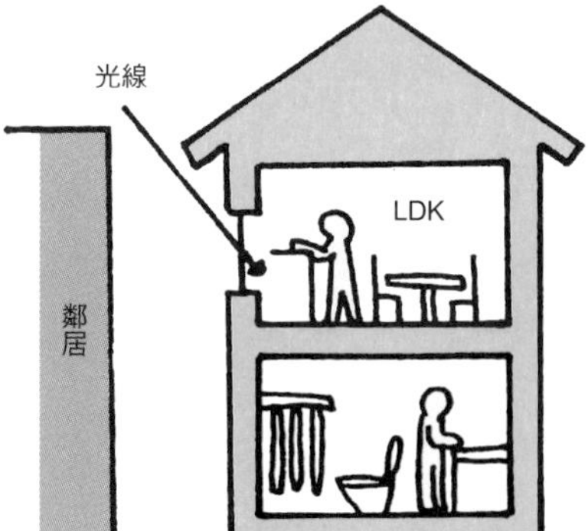


### 1、2樓相反的方案

無法期待1樓的採光時，可選擇把LDK設在2樓，打造明亮的公共空間。

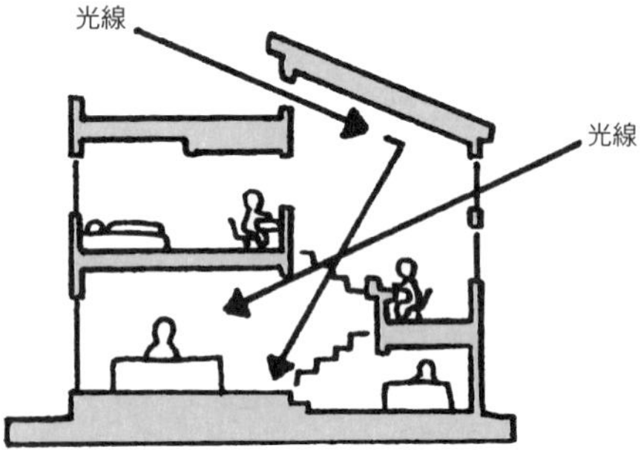


### 跳躍式樓板

從上方或對流窗引入光線，活用跳躍式樓板，就能讓光線跨越樓層傳達到每個角落。

# 在容許範圍內做到極限

在不違反法律的範圍內，仍有擴大地板面積、引入光線的技巧。

## 照建築基準法規範較寬鬆的位置！

閣樓：
天花板高度1.4m以下，而且面積在下方樓層的1/2內，就可以被視為「閣樓」，不列入地板面積。

室內車庫：
以總樓面面積1/5為上限，可不列入計算。

地下室：
以總樓面面積1/3為上限，可不列入計算。

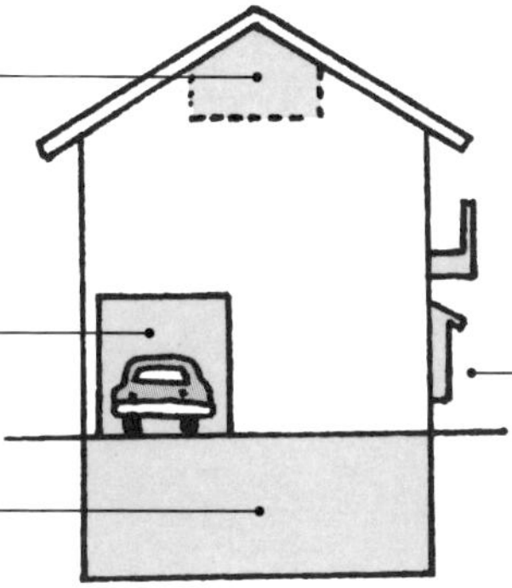

凸窗：
凸出的深度從外牆起算50cm以內。設於離地板30cm以上、迎風面積1/2以上為窗戶的話，可不列入地板面積。

## 反過來利用北側斜線限制

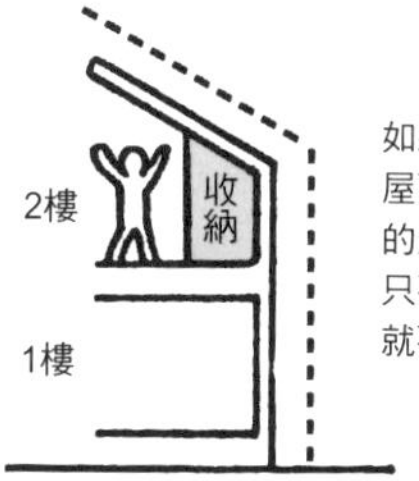


如果沿著斜線限制把屋頂做滿，房間角落的天花板會比較低，只要運用為收納空間就不會變成死角。

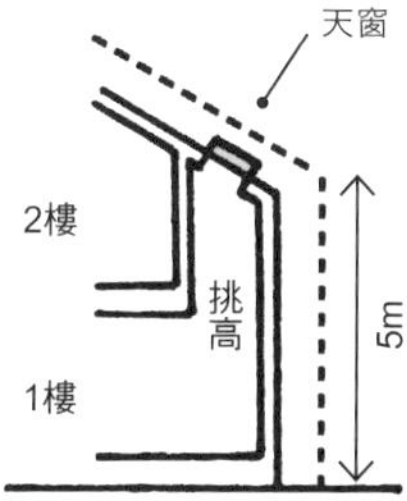


如果沿著斜線限制把屋頂做滿，較低的部分做成1樓的挑高空間，就能讓1樓擁有開闊感也能確保充足的採光。

### 何謂北側斜線限制

為確保北側建地的日照與通風，限制位於南側建物高度的法律。所謂「北側斜線」意指自己的建地與鄰地之間的界線上，以地基上5m的定位點為基準，從正北向延伸傾斜度「1.25：1」的斜線。（位於第1種、第2種低樓層住宅專用地區時的例子。）

條件再差的建地，
也可藉由設計讓住宅變得舒適。

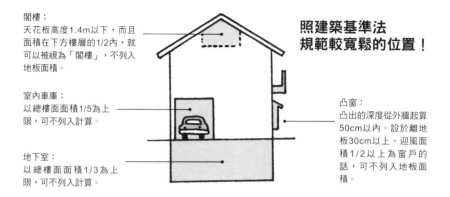

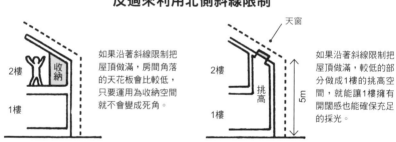

# 如果想打造「能輕鬆做家事的住宅」

每一位家人都是主角！

只要活著就絕對無法逃避的事情，就是做家事。如果做家事的責任集中在某個家人身上，就很難消除這種沉重的負擔感。因此，讓每個人了解家事流程以及做家事的辛勞，打造協助做家事的體制，可以說是「輕鬆做家事」的捷徑。優良家事動線的恩惠，不是本來就應該由家人一起共享的嗎？

要讓做家事變得更輕鬆，順暢而有效率的動線規劃是重要的基礎。清洗衣物有「清洗．晾曬．收衣．摺衣．收納」等具體的動作，在設計階段時必須一邊預想這些流程一邊確認動線。對照自己與家人的生活型態，確認是否能夠毫無壓力地在動線上生活吧！

另外，客廳、餐廳、廚房、盥洗室等空間中，如果能保留一個角落，當作熨燙衣物或整理文件的空間，對家人而言將會是非常珍貴的寶藏。不僅能同時進行多項家事工作，也能有效運用零碎的時間。

# 打造輕鬆做家事的住宅技巧

家事也是很重要的工作，所以希望能夠以快樂的氣氛，並且盡量輕鬆地完成。在住宅上多下一點功夫，不僅能減輕負擔也會影響舒適度，所以最好多花時間模擬確認。

## 打造簡潔的動線

在計畫隔間時就要確認家事動線。尤其是玄關⇔廚房、用水空間⇔廚房、用水空間⇔曬衣空間特別重要。

## 精心配置用水空間

做家事的主要場所，例如把廚房和洗衣間（＝盥洗・更衣室）配置於附近，同時做很多家事的時候，能夠輕鬆往返十分方便。

## 打造快樂做家事的環境

打造能夠邊聽音樂、邊玩電腦等，一邊做其他事情一邊快樂做家事的環境。

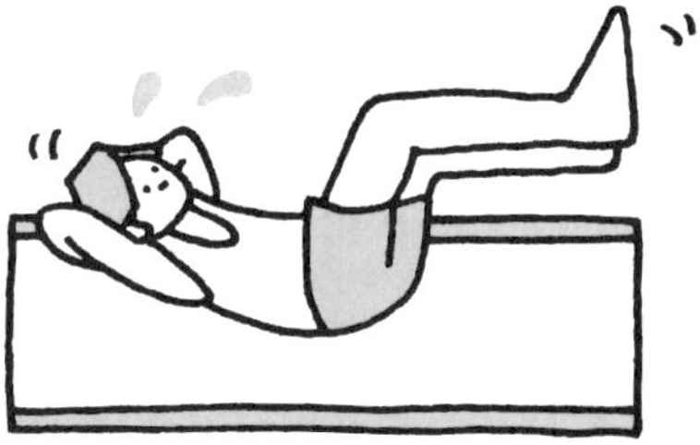

## 打造使用方式不拘的空間

家事區、榻榻米區等，能夠對應多種家事的空間是珍貴的寶藏。

# 如果要設置家事空間的話……

有一個家事空間非常方便，可以放一台電腦查詢食譜、也能進行燙衣服或縫補衣物等家事雜物。如果有收納櫃，郵件或孩子相關的書籍、家電說明書等雜亂的文件都可以收在一起，整理也很輕鬆。

## 與榻榻米空間相鄰

如果家事空間的旁邊有多功能的榻榻米區，收衣服的時候可以當作暫存區、摺衣區，在家事空間熨燙衣物時也很方便。

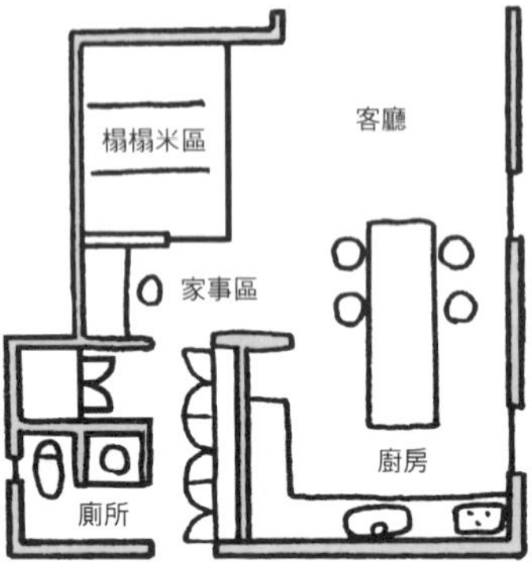


## 洗衣間和廚房要放在能夠連結的位置上

廚房和盥洗更衣室連結的場所可以打造成家事空間。配置於直線上就能縮短移動距離，不會產生多餘的動作。

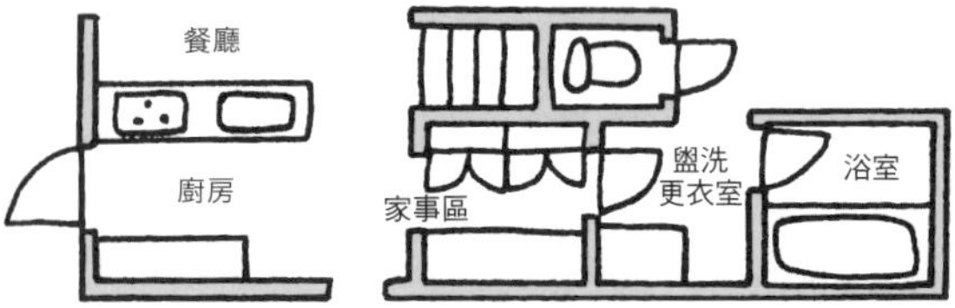


## 客廳與廚房盡量靠近樓梯

在客廳與通往2樓的樓梯中繼點上設置廚房。媽媽可輕鬆呼叫2樓的孩子，成為監督家人的司令台。

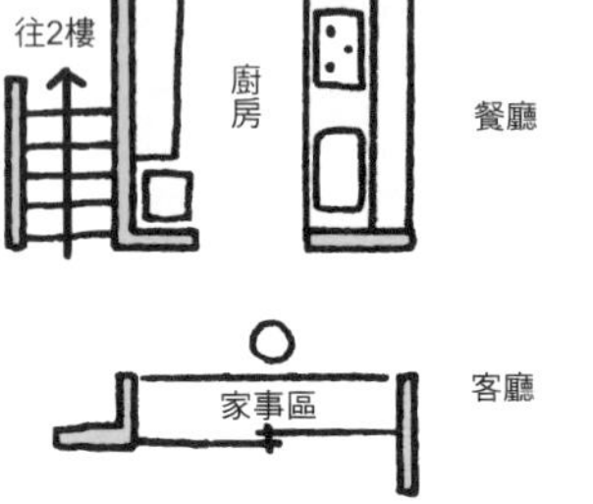

# 隔間也能有助於輕鬆做家事

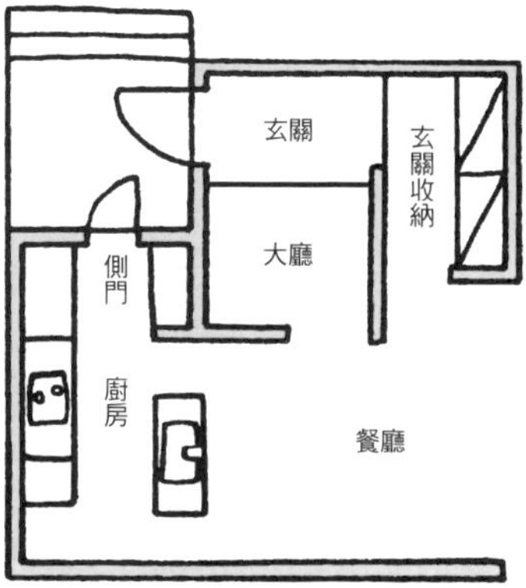


## 方便買東西、倒垃圾的側門

側門設在容易從室外進出的地方，搬運採買回來的物品就會很輕鬆，若是靠近車庫就更好了。每天倒垃圾時，也不必特意經過玄關，走最短距離就能把垃圾拿出門。

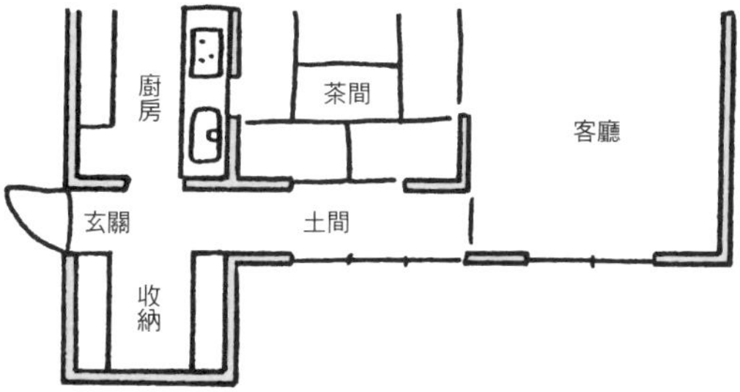


## 從玄關與廚房的良好關係獲得幫助

如果從玄關土間就能直接進入廚房，則可輕鬆搬運採買回來的物品。連接土間的收納空間，可以清爽地整理室外用的嬰兒車或玩具等雜物。

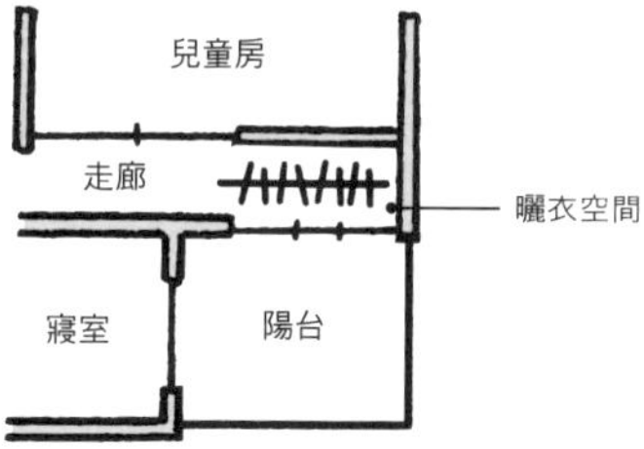


## 稍微擴大房間也有助益

兒童房和陽台之間保留類似走廊的空間並裝上能吊掛衣物的道具，即便下雨也能在室內晾曬衣物十分方便。

好活動與合理配置是輕鬆做家事的泉源。
除此之外，也更能有效運用時間。

# 如果想打造「有中庭的住宅」

中庭會因為組合對象不同，產生不同面貌。

若無法期待能從周圍採光，那麼從中庭採光則是選項之一。另外，中庭也是住宅密集區當中，既能保有隱私又能獲得開闊感的有效方法。被牆面包圍的安全感與沉穩的氛圍、同時又能確保通風，這些都算是中庭的魅力吧！

中庭的性質會隨著與哪個房間組合而有所改變。如果是連結客廳與餐廳的狀況，加上作為室內延伸的多功能空間，就能形成一個可以輕鬆使用的場所；如果是面向衛浴設備的中庭，可以打造放鬆的空間、或者單純觀賞用的小庭院。

住宅裡打造中庭，外牆的面積與門窗框增加會使得成本比單純箱型的住宅還要高，但若能獲得超值的舒適感與豐富的生活，相信這絕對不會是令人心痛的花費。

# （先了解令人憧憬的中庭有哪些缺點吧！）

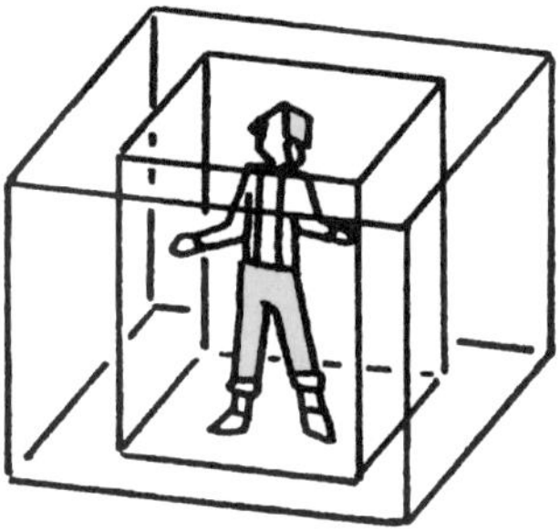

## 中庭的好處

· 容易攝取自然採光。
· 守護隱私的同時，又能確保在室內空間延長線上有能供使用的室外空間。
· 因為窗戶增加，容易通風。
· 就算是朝北的建地也能打造明亮空間。

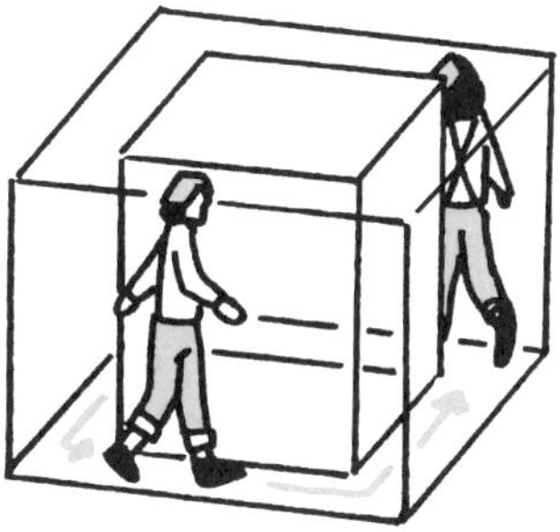

## 必須注意的地方

· 必須具備構造上的強度。
· 玻璃面積多容易散失熱量。
· 容易累積濕氣。
· 動線變長的罪魁禍首。
· 下大雨時容易積水。

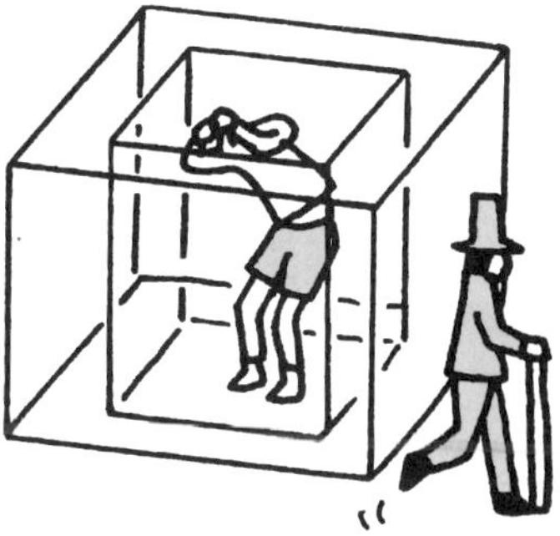

## 中庭適合具備以下條件的住宅

· 人潮多的建地。比起打造面向道路的庭院，採用中庭較能保護隱私。
· 建地狹窄、日照不佳。
· 位於建築物密集區，必須注意隱私。
· 二代同堂，想區隔生活空間。

# 你喜歡哪一種形式呢？

建築物與中庭的位置關係，必須根據周邊環境以及對中庭的需求而定。

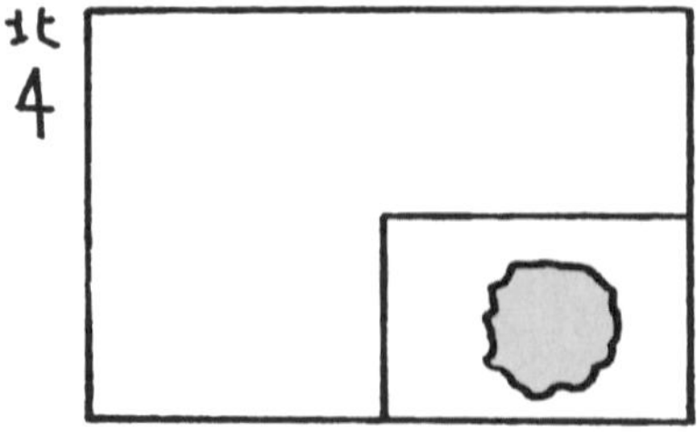


### 〈L型〉

· 在東南方向配置中庭，採光最佳。
· 中庭設於西南方向時，要注意夏天西曬的問題。
· 較容易擬定通風計畫。
· 光線容易到達住宅的深處。

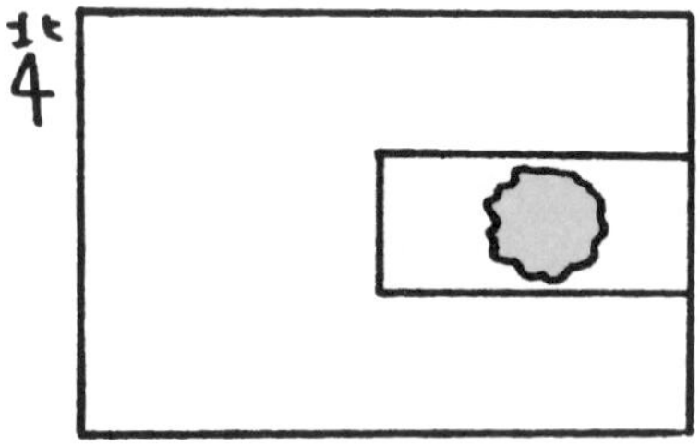


### 〈C型〉

· 南側無法採光時，可由東側採光。
· 南側的住宅若設計為平房，中庭就會很明亮。
· 既可保護隱私，又能與外界相連。
· 設於西側時，可活用冬日的西曬。

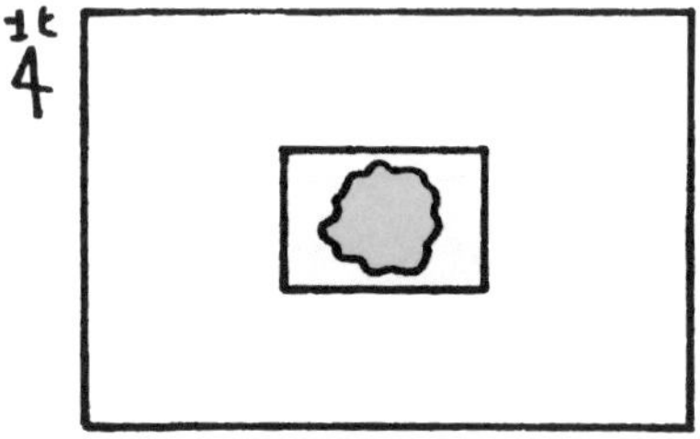


### 〈O型〉

· 可完整保護隱私。
· 有被包圍的安全感。
· 可從四個方向進出庭院。
· 可由內側四個方向獲得採光。

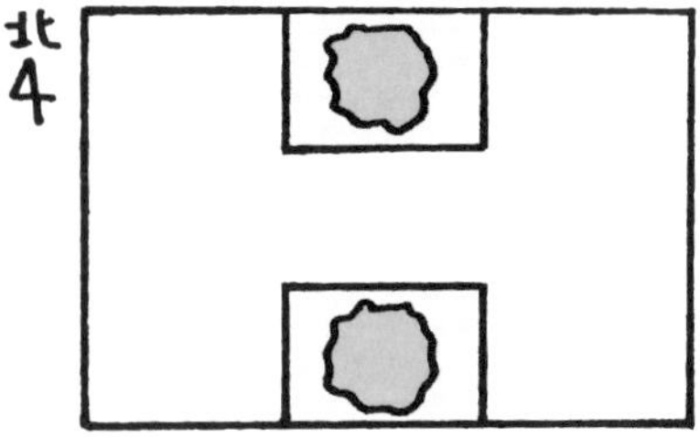


### 〈H型〉

· 能同時獲得南側的強光與北側沉穩的光線。
· 有兩個中庭，故可區隔使用方式。
· 因為外牆的牆面多，所以成本較高。
· 可能會造成起居面積縮小。

# 不同的組合對象讓中庭的面貌跟著轉變

根據組合房間不同，中庭的功能也會有所改變。

### 與共用空間連接（LDK）

當作客廳的延長空間時，也能當作用餐的場所。除此之外，還能當作從事園藝或與友人交流的空間。

### 與私人空間連接（寢室・兒童房）

宛如家人限定的秘密基地一般，充滿私密氛圍的奢侈空間。四周都有牆面包圍的話，就算穿著邋遢也能輕鬆進出。

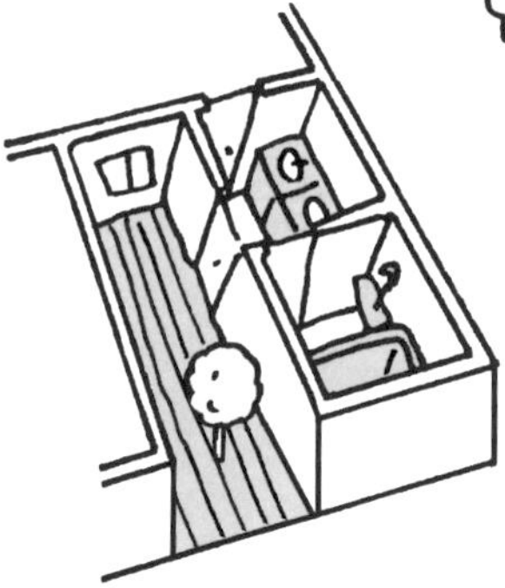

### 與衛浴空間連接（浴室・盥洗更衣室）

浴室・盥洗更衣室面對四周有牆面包圍的中庭，可以不在乎外界視線裝上大片玻璃窗，所以能打造開闊而明亮的環境，不僅獲得良好的通風與採光，還能不在意他人眼光晾曬衣物。

藉由思考中庭配置，擴展住宅的可能性。

# 如果想打造「有挑高空間的住宅」

空間只要有開闊感就好？

挑高是能夠連結不同樓層的空間。不僅能夠獲得單一樓層無法擁有的開闊感，上下樓層的溝通也能更加順暢。除此之外，挑高也是讓空間更有立體豐富感的建築手法。

然而，天花板越高越開闊，並不代表一定就能打造舒適的住宅空間。相對於1樓的房間面積而言，天花板若太高反而會令人無法感覺水平方向的寬度，左右牆面會產生視覺上的壓迫感。另外，容易受樓下的味道（做菜時的油煙味等）與聲音影響，冬季時暖氣會藉由挑高空間散失，造成1樓地面寒冷。若不事先針對這些問題擬定對策，反而會成為往後住宅不舒適的根源。

最重要的是，必須釐清打造挑高空間的目的。想藉由挑高獲得開闊感？還是想要便於溝通？因為根據不同的目的，天花板的高度與形狀等設計也會有所改變。

# 挑高空間也有「令人意想不到」的煩惱

## 也有不舒適的挑高空間

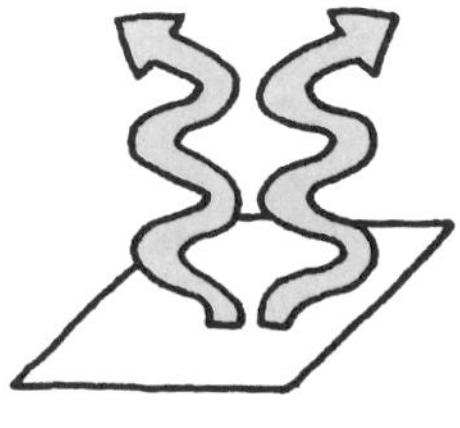

**暖空氣會上升**

冬季溫暖的空氣會一直上升，所以腳邊容易產生寒意。

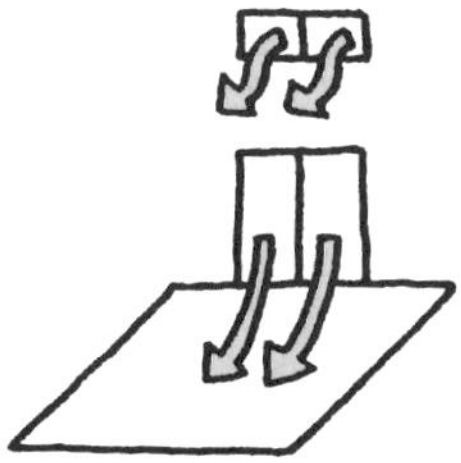

**冷空氣沉降現象**

在窗邊冷卻的空氣累積，因為暖氣形成下降氣流，腳邊會產生寒意。

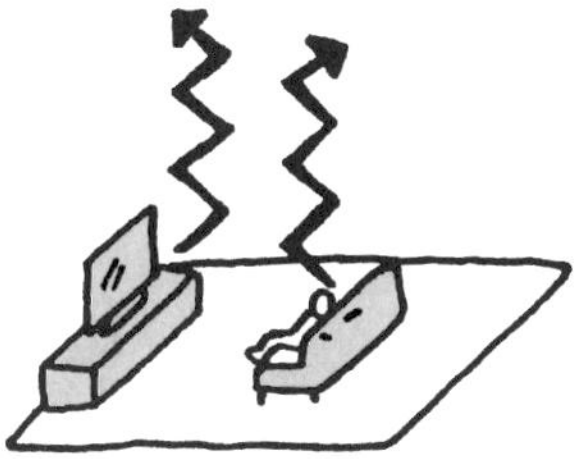

**電視或聊天的聲音很吵**

從設計圖上看不出來的噪音問題。就算在住宅裡生活之後發現問題，也已經來不及……。

**照明與玻璃窗如何維護？**

照明燈具位於人手無法碰觸的高處，難以更換燈泡。除此之外，高處的窗戶也不容易擦拭。

**天花板並不是越高越舒適**

天花板高造成上方的空間容量多，視覺上縱向的延伸感很強，反而令人感覺不到水平方向的寬度，左右牆面會產生視覺上的壓迫感。

# 挑高空間也有很多形式

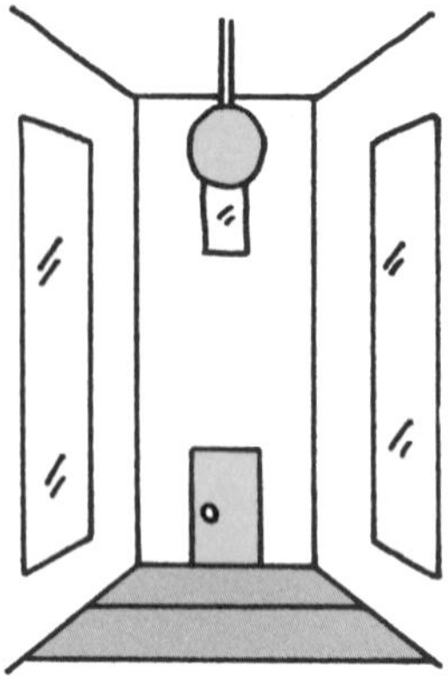

### 「表現」玄關的場所

住宅的第一印象取決於玄關大廳，如果能打造成有開闊感的挑高空間，就能給予來訪者深刻的印象。

## 讓客廳更舒適

### 傾斜天花板

傾斜天花板與挑高空間組合的形式。沿著天花板的斜線，有效誘導視線抵達天窗。

### 水平天花板

水平天花板提供被大空間包圍的開闊感與安全感。

### 連接上下樓層的挑高空間

挑高空間連接1樓和2樓，使兩個不同樓層能夠輕鬆溝通。同時也具備輕柔的分區緩衝功能。

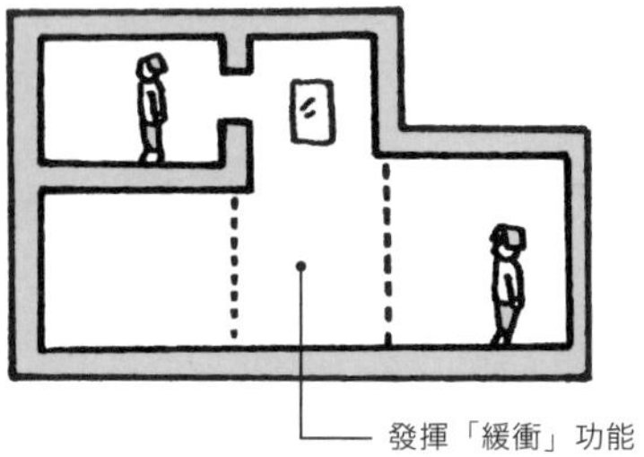

# （這樣避免「不舒適」）

## 提升氣密性・隔熱性，打造不寒冷的住宅

以高性能的隔熱材與隔熱方法，提高住宅的隔熱性，打造不浪費溫暖室溫的環境，使用高隔熱效果的窗框效果更佳。

## 使用設備機器補救缺點

藉由天花板風扇攪動室內空氣，減少上下溫度差。使用電暖型或溫水型地暖氣，從地板開始加溫室內每個角落。只要設一處瓦斯開關，就能輕易增加暖氣設備，十分便利。

## 擬定臭味與噪音的對策

想避免做菜時的油煙味流入其他房間，必須設計供氣與排氣設備的放置場所，順利引導空氣流通，不讓空氣擴散到其他地方。另外，若1樓的玻璃面多，聲音容易反射至2樓，如果很在意這些聲音，可以在某處裝設吸收反射音的「吸音板」。

明確擬定挑高空間的目的，
藉由補救缺點獲得舒適的開闊空間！

# 如果想打造「環保住宅」

環保必須和
看不見的敵人戰鬥。

應該有不少人希望導入減輕環境負擔的「環保住宅」要素吧！其中，「節省能源」已經可以算是一般常識了。造屋時我們都會希望依照不同地區的氣候風土與建地條件、居住方式，發揮自然能源的最大極限。

達成環保住宅的環境基本性能有隔熱、日照、通風等項目，尤其是能巧妙控制日照，在節約能源上非常重要。

控制的方法有直接運用太陽熱能與風流動等大自然力量的「被動式設計」，以及使用機械的「主動式設計」，兩種方式各有優缺點。簡單來說，被動式設計適合能在不穩定的舒適感中找樂趣的人；主動式設計適合追求舒適感一如計畫的人。

利用這些設計，靈活對應環境的酷熱與寒冷，一邊下功夫解決問題一邊生活。這樣的「生活方式」，也可以說是環保住宅的核心吧！

# （打造善用能源的住宅）

節省能源的住宅對環境負擔小，社會上的要求也越來越高。

## 是否依賴設備機械的住宅差異

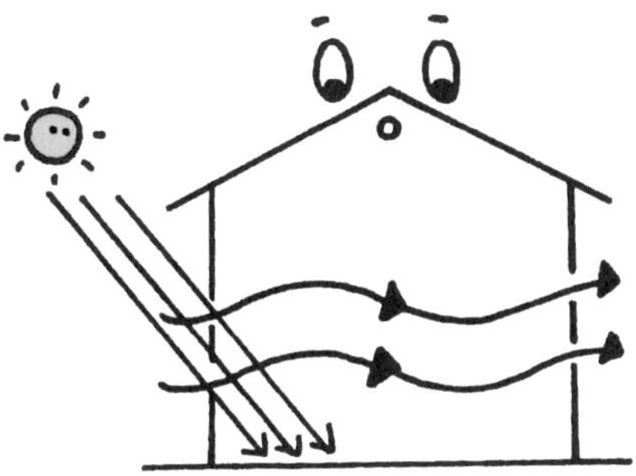

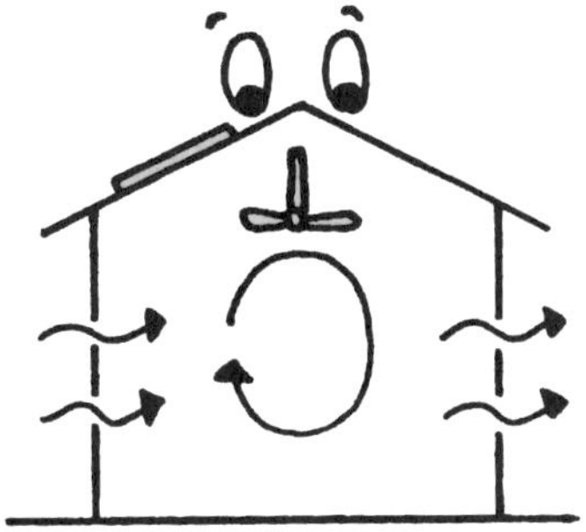

**被動式設計**

利用太陽的光與熱、風的流動，調整冷熱環境。關鍵在於窗戶的大小與位置。

**主動式設計**

藉由太陽能電池板或者太陽能集熱器＋排風扇等機械設備，導入太陽能等能量。雖然能按照計畫獲得舒適感，但必須花費設備機械的成本。

## 節能住宅的7個確認項目

- □ **隔熱性**……………………是否具備高度隔熱性？
- □ **氣密性**……………………是否能有效防止縫隙透風？
- □ **日照調整**…………………是否能達到夏季遮蔽、冬季引入日照的功能？
- □ **蓄熱性**……………………是否導入具有蓄熱功能的建材？
- □ **通風**………………………計畫窗戶的配置與大小時，是否考量過通風？
- □ **熱能散失**…………………是否有減少熱能散失的抽排風計畫？
- □ **節能建材**…………………是否使用廢棄時對環境無害的建材？

# 如何和太陽公公打交道？

巧妙掌控太陽的熱量，是環保住宅的必備條件。冬季引入日照具有暖氣功能，夏季則盡量不要讓熱能進入室內。因此，建築上必須多用心才能達成。

## 夏季與冬季的太陽高度差很多！

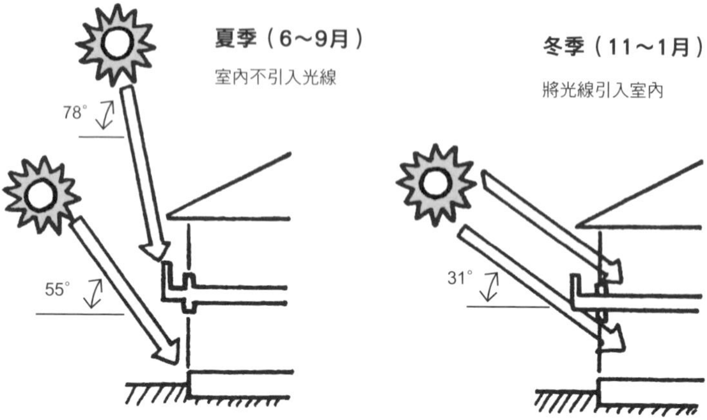


夏季（6～9月）的11～13點是氣溫最高的時候，太陽的高度約在55°～78°左右。屋簷、遮陽板雖然是越長越好，但實際上大概採用75cm～90cm，冬季時才能引入日照。

## 冬季必須與鄰居間隔至少6m

在首都範圍內，冬季太陽高度最低為31°。若2樓高的住宅建在南側，1樓也想要有採光，則必須與鄰居間隔至少6m以上（依照鄰居的建築物高度不同而調整）。

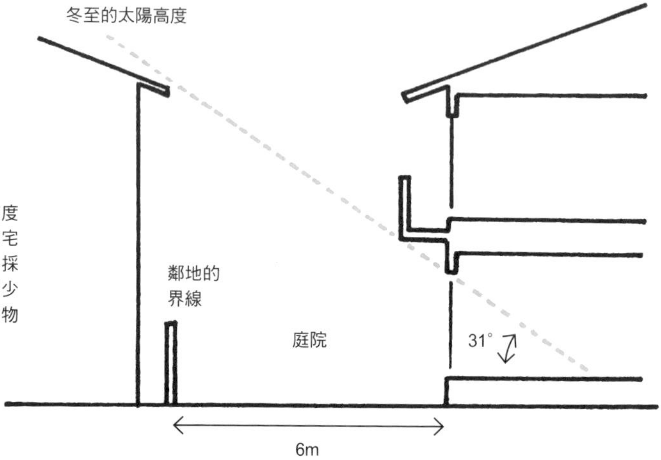

# （何謂環保住宅？）

除了活用太陽熱能，還有運用空氣對流等大自然力量，
許多方式可以減少能源的消耗。

## 運用在造屋上的重點

- 減少住宅內的隔間，改善夏季通風。
- 南側設置在冬季能引入太陽光線與熱能的大面積窗戶。
- 北側設置夏季能引入清涼空氣、有助通風的窗戶。
- 夏季的日照可藉由屋簷、遮陽板、陽台加以控制。
- 大量運用天然材質。

## 借助大自然的力量創造舒適感

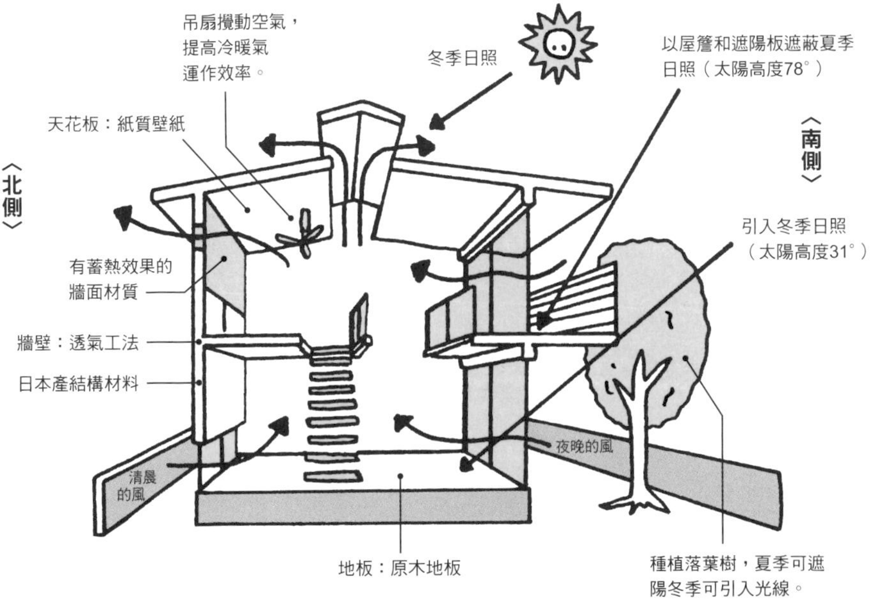


巧妙掌控光、風、熱等能量，
減輕環境的負擔吧！

# 如果想打造「白色住宅」

## 令人意外地容易失敗喔！

「白色住宅」也是高人氣的夢想住宅之一。單獨使用白色很有魅力，搭配其他顏色也不突兀，能夠很和諧地融合在一起。如果想要在房間的其中一個部分添加色彩，白色也是稱職的配角。木質的牆面或天花板與白色是最佳搭檔，能夠使空間產生寬闊、提振士氣的氛圍。這是因為，白色具有外放與內斂兩種特質。

雖然都是白色，但色調與質感卻十分多變，很有可能因為搭配失敗導致設計毫無整體感。如果可以的話，最好把色樣帶到現場搭配。另外，使用過多的白色，會讓空間變得冰冷，需要多加注意。

除此之外，全新時雖然雪白，但用久了還是會髒。如果擔心用久了會劣化。外牆選用耐候性高的塗料，就能減少維修養護的頻率。手垢很顯眼的內部裝潢，則選用表面可擦拭清潔的產品，或者選擇每隔數年可以整片換新、塗刷的方式。

# 白色是什麼顏色呢？

## 雖然都稱為「白色」，但卻有很多種類。

**蛋殼白**

非常接近白色，但仍能感覺色溫。

**象牙白**

稍微帶黃的白色。

**珍珠白**

稍微帶一點灰的白色。

**牡蠣白**

宛如牡蠣肉偏灰的白色。

**雪白**

如雪一般沒有混入其他顏色的正白色。

## 根據材料呈現不同性質的白色

**同質的白**

常見於工業產品，整片同質的白色。因為給人堅硬的印象，所以要注意使用面積不可過多。

**有變化的白**

常見於天然材質，不均勻且具柔軟性的白色。表面有細緻的凹凸，讓光的折射變得複雜，展現有深度的樣貌。

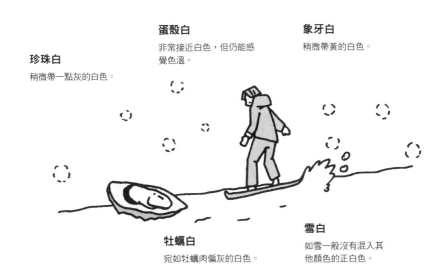

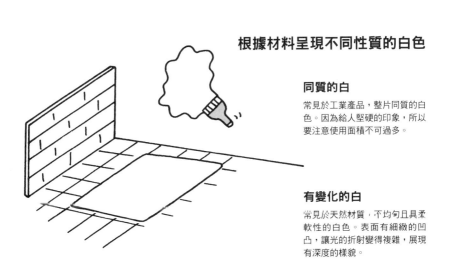

# 最好事先了解白色的特徵

## 外觀既可愛又整潔，但是……

因為屬於膨脹色，使住宅的外觀看起來比實際體積還大，並產生壓迫感。此時，可選擇明度低一階的象牙白等顏色。

因為折射率高，過白會令人感覺疲勞。另外，也容易給人冰冷的印象。

## 有包容力的白色

天花板用木材、地板用磁磚，就算運用許多不同的材質，只要牆面是白色，就能達到統一的效果。

大面積使用白色時添加的裝飾色，不管用什麼顏色都能輕易組合。

# 巧妙使用白色的方法

## 讓白色顯得更好看的組合

在玄關使用白色牆面搭配深色地磚與木製大門，有意識地賦予明亮對比，打造有立體感的空間。

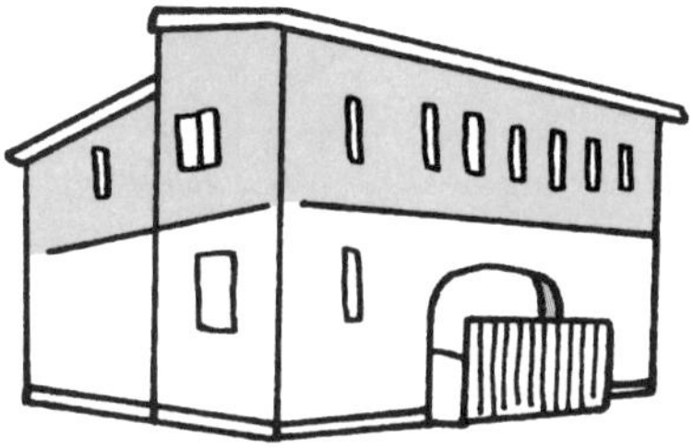

造型單純的外觀，如果整體都採用白色反而會過於膨脹，容易給人線條模糊的印象。此時，上半部可搭配焦褐色等深色系，外觀就會更好看。除此之外也會減輕壓迫感。

## 擔心髒污的話……

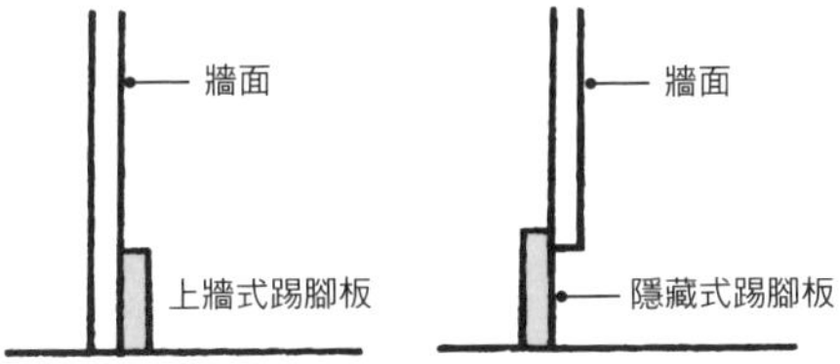


想配合白色牆面把踢腳板也做成白色時，採用隱藏在牆壁裡的隱藏式踢腳板，不僅外觀清爽，也不容易弄髒。

牆面若塗成白色，開關周邊的部分會很容易髒。只要在開關周圍，採用可以擦拭的半亮面塗裝就能解決。

白色可以統一多種顏色與材質，
但用太多則會顯得冰冷。
想要運用得當，必須注意平衡。

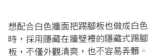

# 如果想打造「有柴燒暖爐的住宅」

其實每個人都喜歡玩火。

漸漸消失在現代生活中的火焰，可藉由柴燒暖爐找回來。搖曳的火焰、柴火爆裂的聲音、燒柴時的煙味都能緩和心靈，讓生活更寬廣。然而，不同於暖氣用一個按鈕就能開關或調整溫度，柴燒暖爐必須時時添柴火、清除灰燼，需要眼、手、心並用才行。這一點從另外一個角度來說，可能是個「麻煩」，但若親自體驗過一次，就能夠了解親手創造舒適性的快樂與趣味。火焰擁有無法被空調代替的緩和輻射熱能，凝望火焰也有沉澱心靈的放鬆效果。

不過，如果單憑憧憬而採用柴燒暖爐，最後可能會變得沒人使用。為了避免這種情況，必須客觀地審視自己的生活型態和取向。心靈有餘裕能享受小麻煩的家庭，想必有更多機會從柴燒暖爐看見「不為人知的珍寶」。

# 有關柴燒暖爐小知識

只靠幻想或憧憬，真的沒問題嗎？柴燒暖爐固然有許多優點，
但卻也不像暖氣一根手指就能搞定，採用前有許多必須了解的準備知識。

## 不只暖身也暖心

- 人會聚集在火焰的周圍。
- 營造家庭的親密氛圍與安全感。
- 因為現代生活很方便，刻意創造需要花功夫做的事情，反而能夠獲得小小的成就感。
- 藉由與土間等空間組合，思考放置暖爐的位置，就能產生獨具風格的隔間。

## 有點麻煩的柴燒暖爐

- 點火後2～3個小時，才能溫暖整個家。
- 大家常常忘了保留堆放柴火的空間。
- 如果把暖爐設在2樓，1樓就會沒有暖氣。
- 若未考量24小時通風設備與柴燒暖爐的位置，可能會造成煙霧逆流回室內的情形。

# （讓柴燒暖爐生活更舒適）

## 適合這種生活型態的人

考慮把柴燒暖爐當作主要暖氣的人。只是偶而玩火的人，無法長期使用。

能夠認真維護暖爐的人。放著不管是故障的源頭。

## 聰明的養護方法

依照使用狀況有所不同，但煙囪上附著的煤炭有可能是問題的根源。另外，有部分零件很容易劣化，所以最好每年一次或數年一次請專家來檢查與維修。

## 最好有輔助用的暖氣

點火之後還要過一段時間室內才會溫暖，因此可以考慮裝設輔助用的暖氣。電力地暖・空調兒童也能操作，還可以幫助室內快速升溫。

# （把暖爐當作住宅的「肚臍眼」，並運用於隔間）

柴燒暖爐的設置地點必須與隔間規劃同步思考。家人放鬆的方式、做菜時要不要使用柴燒暖爐等條件，都會影響設置場所。若詳加規劃，一定能成為創造獨特隔間的契機。

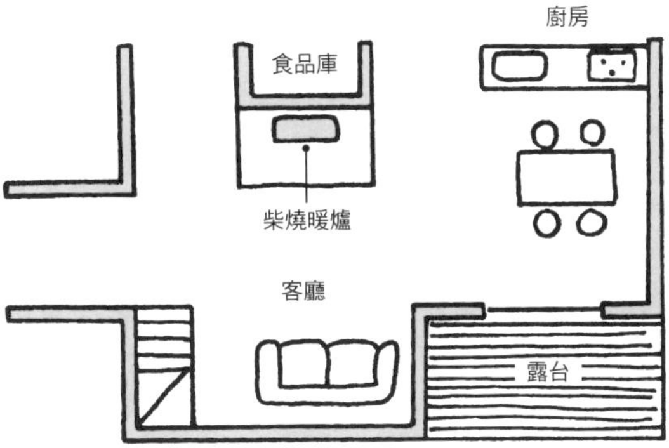


## 設置於LDK正中間

在LDK等寬廣的空間，存在感強的柴燒暖爐會成為空間的重心，帶來沉穩的安全感。到了冬季，柴燒暖爐成為團聚的中心，家人都會自然而然地聚集。

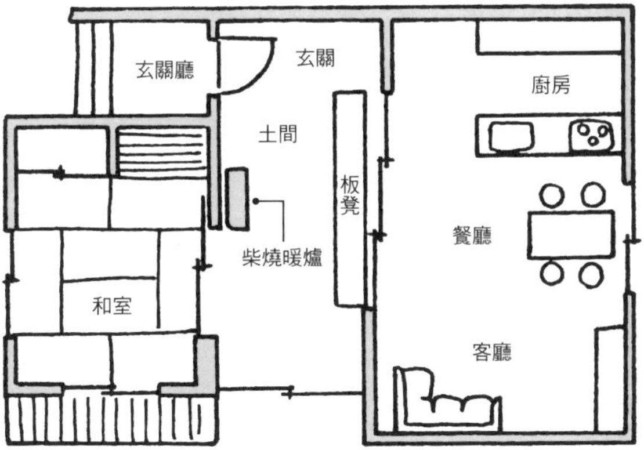


## 與土間搭配

在玄關的延伸處打造土間，設置柴燒暖爐。和室或LDK等相連的空間都會溫暖起來。另外，處理灰燼等相關工作時，也不必擔心弄髒地板，可輕鬆使用。土間若採用有蓄熱性的地板材料，就算火熄滅也能常保溫暖。

火焰不只能溫暖生活空間，
也能促進家庭和樂。

# 如果想打造「三層樓的木造住宅」

基座必須充分耐重。

地價高的都市區，3層樓的木造建築已經不罕見。這是為了能在小面積的建地上爭取更多樓面積的方法之一。都市區3樓以上的建築物，長久以來都規定必須使用鋼筋混凝土或鐵架結構建造，但法律有所修訂，只要符合一定基準，3層樓的建築物也能用木造施工，從成本面看也比較容易建造。

然而，若是因此隨便建造，也會造出不便生活的住宅。3層樓的建築物，每層都區分不同的用途，導致各個房間的獨立性過高。也就是說，家庭間將會很難溝通。因此，客廳等家庭空間要配置在哪個樓層，就是隔間成功與否的關鍵。另外，為了讓構造更安穩，下方樓層需要許多承重牆，所以窗戶面積會減少。規劃隔間時，務必要考量相關重點。

# 關鍵字在於「平衡」

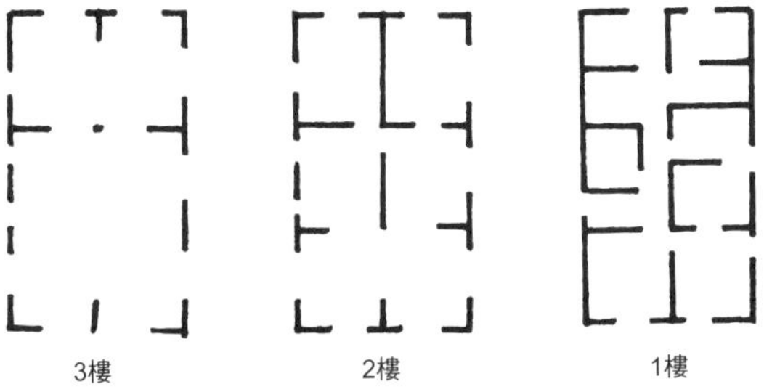
3樓
2樓
1樓

## 細長的建築物，必須依靠基座的強度

1樓＝需要許多內含結構材的承重牆
2樓＝對齊1樓的樑柱位置，能夠打造較開闊的空間
3樓＝可設大面積的窗戶

## 因為高度高，所以希望外觀優美

建築物若形狀細長，外觀上就很難獲得平衡。另外，高度也會造成耐震效果不穩定，因此1樓需要大量承重牆。1樓的窗戶開口會較小、數量也較少。1樓與2、3樓開口處之間的關係、外觀上的平衡非常重要。

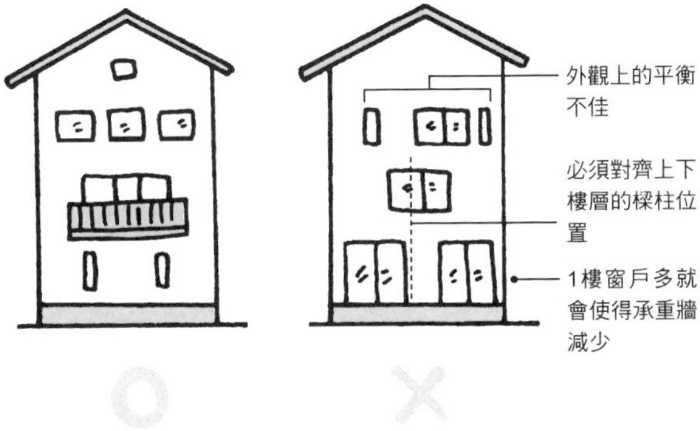
外觀上的平衡不佳
必須對齊上下樓層的樑柱位置
1樓窗戶多就會使得承重牆減少
○
×

## 上下樓層的溫度差會變大

由於空氣對流越上層越暖，1樓則會變得很冷。因為低樓層通常日照也有限，所以會更冷。選擇適當的暖氣設備或設置攪動空氣吊扇、在高樓層設對流窗等，必須用心才能減緩冷暖差距。

# 藉由LDK的分配方式改變生活

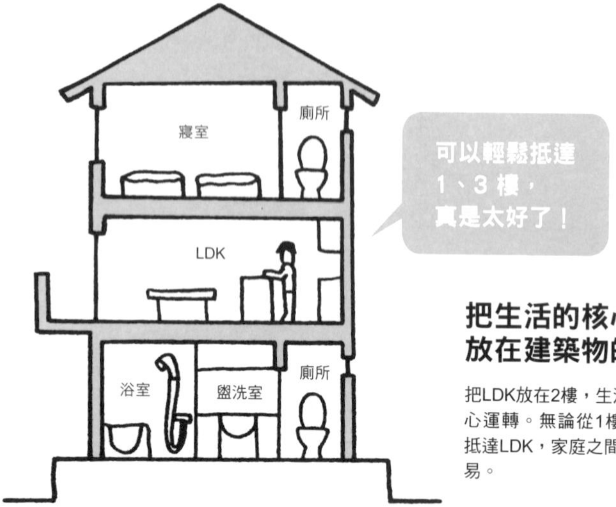


## 把生活的核心
## 放在建築物的正中間

把LDK放在2樓，生活就會以2樓為中心運轉。無論從1樓或3樓都很容易抵達LDK，家庭之間的溝通也較為容易。

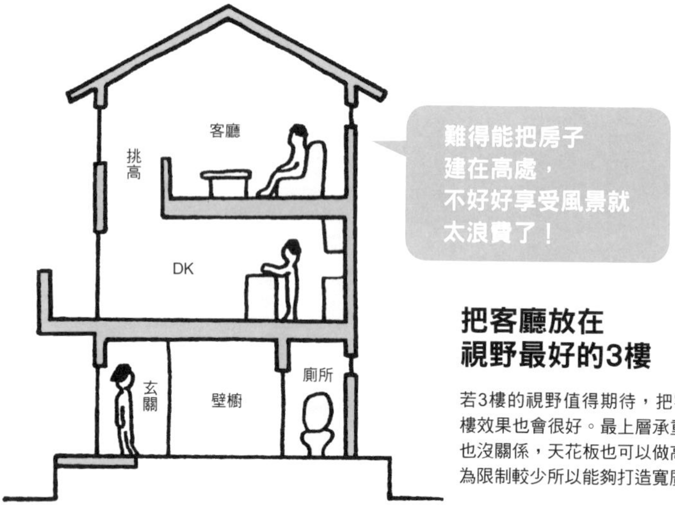


## 把客廳放在
## 視野最好的3樓

若3樓的視野值得期待，把客廳放在3樓效果也會很好。最上層承重牆少一點也沒關係，天花板也可以做高一點，因為限制較少所以能夠打造寬廣的空間。

# （就算空間狹窄也要有所變化）

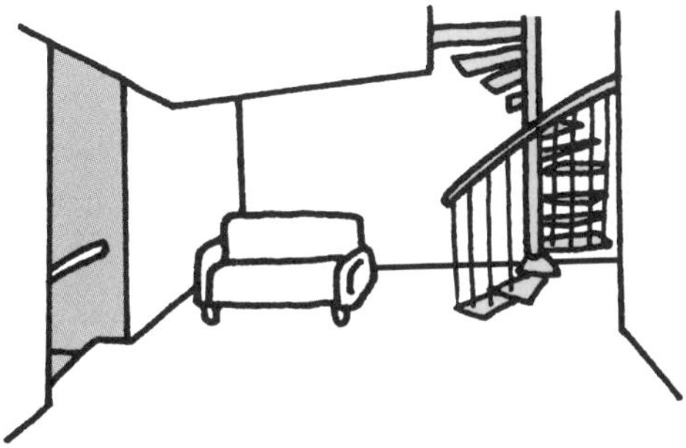

## 在大量的樓梯上求變化

3層樓的建築物，在生活中上下樓的機會很多，所以盡量不讓樓梯空間過於單調。譬如，1樓到2樓採用直線樓梯，2樓到3樓則採用螺旋型樓梯等，藉由這些變化來轉換心情。

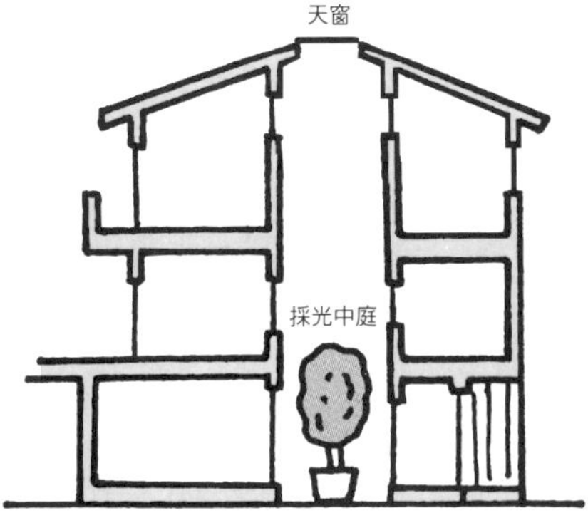


## 藉由天窗把光線引至1樓

為引入光線在3樓開天窗，2、3樓做成挑高空間讓光線能傳到1樓。天窗正下方的部分當作「採光庭院」，擺放小植物與造景石材等打造出能欣賞風景的庭園，就會令人感到放鬆。

3層樓的建築物，
必須用心確保耐震性與溝通方便性。

# 懷古日式建築剖析圖鑑

棲息在街坊巷弄的悄悄話
帶您漫步在歷史的軌跡

您可曾想過，日本的街道命名方式有其來由？明明沒有地藏菩薩卻叫作地藏坂，這究竟是怎麼回事？建築本身自然是重點，其他也涵蓋了洞窟、湧泉、坡道、暗渠、水路、路面電車、橋下、攤販、標誌等設計剖析。解讀蘊藏在街坊巷弄的神祕暗語，改變您對熟悉景物的看法！

本書帶您用散步的心情，輕鬆瀏覽江戶、明治、大正、昭和時期的特色建築與各種文物設計，欣賞日式建築的同時，也能獲得許多雜學小知識喔！

單色
176頁
15×21cm
定價320元

## 住宅格局黃金方程式

掌握通用法則，格局問題迎刃而解！
筆記式重點圖文解說，透析格局設計潛規則

設計住宅格局竟有黃金方程式可用——!?
格局設計最初應該要先規劃哪裡？
何種格局會帶來生活困擾？
規劃動線的重點在哪裡？
都市住宅如何才能擁有充足的採光？……

本書不但將專家們的「設計法則」分成四個章節集結成冊，更在各個章節裡穿插多個實際建案範例介紹；從專家們的經驗法則學起，最穩妥！——格局上的問題，就用這本書裡的方程式來解題吧！

單色
192頁
15×21cm
定價300元

PROFILE

**佐川 旭** (AKIRA SAGAWA)

日本一級建築士／現任女子美術大學兼任講師。
株式會社 佐川 旭建築研究所負責人。
1951年出生於福島縣。日本大學工學院建築系畢業。以「傳達」、「連結」為主題設計建築，從私人住宅到公共建築，在廣泛的領域上皆有實績。目前以住宅知識領航人的身分，活躍於生活綜合資訊管理網站「All About」的「打造一個家」專欄。由佐川監督設計的岩手縣紫波町立星山小學，榮獲日本文部科學省2010年度第13屆木材活用評選競賽的特別獎、滋潤心靈教育設施獎。
著有《好空間：把家人連結起來的住宅隔間術》（マガジンハウス/magazine·house）、《這樣打造獨棟建築》(暫譯)（ダイヤモンド社/DIAMOND）等著作。

TITLE

住宅思考圖鑑

STAFF

| | |
|---|---|
| 出版 | 瑞昇文化事業股份有限公司 |
| 作者 | 佐川 旭 |
| 譯者 | 涂紋凰 |
| 總編輯 | 郭湘齡 |
| 責任編輯 | 莊薇熙 |
| 文字編輯 | 黃美玉　黃思婷 |
| 美術編輯 | 朱哲宏 |
| 排版 | 二次方數位設計 |
| 製版 | 大亞彩色印刷製版股份有限公司 |
| 印刷 | 桂林彩色印刷股份有限公司 |
| | 紘億彩色印刷股份有限公司 |
| 法律顧問 | 經兆國際法律事務所　黃沛聲律師 |
| 戶名 | 瑞昇文化事業股份有限公司 |
| 劃撥帳號 | 19598343 |
| 地址 | 新北市中和區景平路464巷2弄1-4號 |
| 電話 | (02)2945-3191 |
| 傳真 | (02)2945-3190 |
| 網址 | www.rising-books.com.tw |
| Mail | resing@ms34.hinet.net |
| 初版日期 | 2016年11月 |
| 定價 | 320元 |

國家圖書館出版品預行編目資料

住宅思考圖鑑 / 佐川旭作 ; 涂紋凰譯. -- 初版. --
新北市 : 瑞昇文化, 2016.09
160　面 ; 14.8 x 21　公分
ISBN 978-986-401-122-3(平裝)

1.房屋建築 2.室內設計 3.空間設計

441.58　　105016763